猫との生活　～猫ホスピス 第一章～

何かがおかしい

車を飛ばして、呼吸が荒いひなこを獣医さんへ連れて行ったあの日
数人待ちですぐには診て貰えず、まだ無邪気な十ヶ月齢の幼猫が
私の腕の中で息が止まりそうになる恐怖と闘う
途中耐えられず、泣きだしそうになって看護師さんに助けを求める

スローモーションのように感じたひなこを抱いて去るその後ろ姿
処置室でひなこの呼吸が楽になるよう、赤ちゃんをあやすようにしている様子
それを遠くから見る無力な自分

二〇〇九年一月、私の生活は一転しました

はじめに

我が家には王様猫としてぴょんというオス猫がいます。母の病気を機に海外勤務から帰国した当時三十代未婚女子であった私は、自分の将来の展望が見えずに鬱々としていました。偶然、勤務先の昼休み中に動物保護活動をしている方と知り合い、性来猫好きであった私は同居していた両親を説得し、猫を迎え入れることを決めました。それがぴょんです。ぴょんは当時既に五歳のオス猫で、体重が七キロ以上もある立派な体躯の鉢割れ猫でした。

翌年、胆石による肝機能障害でぴょんが開腹手術を受けます。一命を取り留めたものの病気にしてしまったことに対して責任を感じた私は、それ以来一日でもぴょんが長生き出来るようにと猫中心の生活を送っていました。食事の管理、住環境の見直し、便の確認。そして、外の世界に興味を持つぴょんに対して、本能を満たすべくリードをつけての夜の散歩も始めました。

近所を小一時間回るうちに、錆び柄のメス猫に遭遇することが多くなりました。暗い夜道だと存在すら気付けないようなその野良猫は、そのうち我々の散歩を道中待つようになり、追従いして散歩を楽しみ、やがては我が家の玄関先で夜を越すようになりました。冬の到来を前にして、外の寒さを気にした私の母がそのメス猫も我が家の一員として迎え入れようと提案し、その子はハナと名付けられて飼い猫となりました。

ハナは野良猫生活が長かった分、人間を警戒していました。最初は一切触れることが出来ず、獣医さんへ身体検査にへ連れて行くことが叶ったのも、保護後ひと月を経過していました。

心配していたのはウィルス感染症。採血とレントゲンの検査結果を見て「猫白血病ウィルスも猫エイズウィルスも陰性ですが、妊娠しています」と言われ、診察室は嬉しいような困ったような多くの笑みで溢れました。野良猫として暮らしてきたハナが健康体でひと安心。お腹の仔猫達は去勢手術済みであるぴょんの子ではないけれど、何かのご縁だから我が家で産ませてあげようと決めました。

それが全てのはじまり。二〇〇八年一月の出来事でした。

仔猫が産まれた！

2008-03-04 11:52:55

三月三日 明け方五時。未だ薄暗い自分の寝室でハナが所在なく歩き回っていることに気付いていた。いつも通り私の腕枕で寛いでいたぴょんが、低音で唸りだしたハナに驚いてベッドから出ようとする。「ちょっと待って！」と小声で引き寄せると、今度は身体を強張らせて私にしがみ付いて来る。今日かもしれない。ハナのお産が今やっと始まるのかもしれない。私自身にとっても初めての体験。ハナは唸り続けながら、寝室に用意したお産用ダンボール箱へと入って行く。「もうちょっとじっとしてて」とぴょんを抱えながら眠気と闘う。緊張して待つこと二十分。人間と猫の耳に、「ピィ～！」と聞いたことのない甲高い産声が届いた。

仔猫だ！　仔猫が産まれた！　ハナが私の部屋で仔猫を産んだ！

その声に驚いたぴょんは、ビクンとして私に抱きつき、肩に爪を食い込ませる。その痛みに耐えながら、お産中のハナを驚かせないようにぴょんを抱いてそろりとベッドから抜け出した。音を立てずに薄暗い部屋を横切ってリビングへ移動する。

『しばらくぴょんは、あの寝室は出入り禁止だなぁ』と考える。飼い猫にも該当するのか否か、大人のオス猫は縄張り意識が強いため、生まれたばかりの仔猫を攻撃することがあると聞いていた。ハナはこの後何匹産むんだろう。だんだんと夜が明けていく中、ぴょんを膝に抱っこしてリビングのソファでウトウトとしながら、寝室から聞こえる次の初心声を待っていた。

しろしろくろ

2008-03-10 12:33:34

ハナが産んだのは三匹で、その姿を確認したときはとても驚いた。全身が茶黒毛で覆われた錆び柄のハナが、純白の猫二匹と、漆黒の猫一匹を産んでいる。「ええ?」と声を上げて思わずもう一度目を凝らし、ダンボールの奥でうごめく毛糸の塊のような仔猫達を確認する。白、白、黒。猫は排卵時に複数匹のオス猫と交尾があれば、違う父親の猫を生むことが可能なのだという話を思い出した。

仔猫達を間近で見たかったけれど、警戒心の強いハナは仔猫達を抱え込んで私に見せるのを躊躇っている。私も動物は人間の匂いが付いた我が子の育児を放棄すると聞いたことがあった為、触りたくても触れて良いものか判らずにいた。そのうち、ハナは何度も彼らを覗き込む私を鬱陶しく思ったのか、仔猫の首根っこを咥えて三匹共押入れの布団の上に運んでしまった。では、あまり嫌がることはすまいと別部屋に居たが、ピーピーと仔猫の鳴き声が聞こえて来る。何かあったかと押入れをそっと開けると、まだ目の開かない白猫が積み上げられた布団の上から落ちていて下で母の助けを求めていた。ハナは狭い布団の

隙間に落ちた仔猫を助けられず、布団の上から顔を乗り出し困っている。『ここでこの子に触ったらハナはこの子の育児を止めてしまうのかしら？』と一抹の不安を感じながら、仔猫をつまんでハナの鼻先に戻す。仔猫はよちよちと母猫の胸元に潜り込み、ハナも仔猫を受け入れる。翌朝、ハナはそこが育児に適さないと判ったのか、また三匹を咥えてお産をしたダンボール箱にて育児を再開していた。

三匹の違いと命名

2008-04-10 20:30:44

仔猫達の性別が明らかになった。オス二匹とメス一匹。白猫はオスメスのペアで、黒猫はオスだった。三匹の誕生はひな祭りの日だったので、性別が判明する前から、もしメスがいたらその子には「ひなこ」と名付けようと決めていた。よって、白猫のメスはまず「ひなこ」と決まる。

そして、白猫のオスには「ザビ」と名付けた。ザビは頭にキトンキャップと呼ばれる成長後に消えてしまう灰色の一束の毛を有していて、その愉快な様子にフランシスコ・ザビエルを思い出した。

最後に黒猫のオスには、黒猫のタンゴという幼少期に聞

いた曲にちなんで、「タンゴ」にしようかと考えた。でも、在り来たり過ぎるかな、と思い直し、その黒猫のタンゴのEP盤のB面が「ニッキニャッキ」という好き嫌いについて歌うコミカルな曲だった為、一風変えて「ニャッキ」と名付けることにした。ひなことという名前は他にもいるかもしれない。でも、ザビとニャッキは他にはいないだろうね、とひとりニンマリとしていた。

すくすくと育つ彼ら

2008-05-18　21:22:51

仔猫達は寒い中に産まれ落ちたからか、目やにがなかなか取れず、特にひなこは瞳が開くのに時間を要した。仔猫部屋ではセラミックヒーターが寒い夜も仔猫を照らしていて、身体を伸ばして皆ゆっくりと寛いでいた。この頃になるとハナもすっかり我々人間に対して心を許し、自分と一緒に仔猫を育てる仲間だと思ってくれているようだった。

白猫同士は仲が良く、いつも一緒に行動していたが、黒猫ニャッキは母にべったりだった。生まれた日から人間との距離感が近かった仔猫達は、我々の膝でも背中でも、御構い無しに登って来ては寛いでいた。仔猫の爪はまだしなやかな針のようで、幼い彼らにまだ爪切りが出来なかったことから、我々人間は身体中に細かく細い傷を抱えることになった。それでも、足元から顔の近くまで一生懸命よじ登ってくる様子に、痛くても我慢してしまう親馬鹿な自分がいる。仔猫達は本当に、この世のものとは思えないほど愛しく、我々は毎晩のように仔猫部屋に集っていた。

仔猫の性格もはっきりしてきた。一番好奇心旺盛で活発なのはメスのひなこ。新しいフード、おもちゃ、お客さん。全て彼女が率先して動き、弟

達に手本を見せる。弟二匹はおっかなびっくりでひなこに付いていく。性格が穏やかなのはザビ。いつもご機嫌で、高い声で鳴いて甘える。ニャッキは一番のヤンチャ坊主。表で生きる猫だったら、地域のボス猫になるようなポテンシャルを感じる子だった。仔猫達はみるみるうちに成長をしていき、身体の大きさは母猫ハナを越す勢いだった。

愛さない努力

2008-10-19 08:10:06

ハナが妊婦と判った時点で仔猫は我が家で産ませることは即決したものの、産まれた子達は里子に出すつもりでいた。ぴょんが大病をしてまだ数年だったので、多頭飼いにしてストレスを掛けることは避けるべきだった。それ故、仔猫達のことは『いつかは人の手に渡る猫だから』と、情が移らないよう努めてドライに育てていた。でも、慣れてきて付いてまわるようになると本当に可愛い。

六ヶ月が経過し、貰われ易いようにと三匹共にワクチン接種と去勢・避妊手術を済ませ、複雑な思いで里親募集のチラシを作り、獣医さんに貼らせて頂いた。数日後に連絡があり、猫を見に行きたいと言われる。

五十代、一人暮らしの男性。既にメスの黒猫を飼っていて、その子との相性が良さそうな猫を探しているとのこと。三匹をチラリと見て、抱っこや性格を確認したりすることもなく「ではオスの白猫で」と即決だった。ザビちゃんだ。悲しいけれど、別れは突然訪れるようだった。

男性を駅まで送る際に、彼が地方出身でこちらの家探しは知人に頼んだという話になった。当時用意された家がペット不可物件で、猫を連れて上

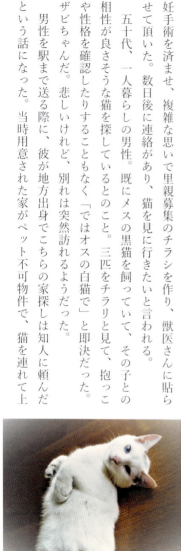

京したところ、保証人でもあるその知人が、自分の居ぬ間にその黒猫を捨てに行ってしまったと聞いた。チラシも作り、十日間探し回って、猫は発見に至ったが、それを機にペット可物件に移ったのだという話だった。

引渡し予定日は数日後だったが、『この男性に万が一のことがあったら、その保証人はザビを捨てるのではないか』と不安に駆られ出す。悩みだすと止まらない。『ザビは大丈夫だろうか』と思いながら、この先暮らしていくのはツライ。どうしよう。どうしよう。どうしよう・・・。

結局翌日、「大変申し訳ないのですが」と、「夫が先に他の方と縁談を決めてきて」と嘘の連絡を入れた。その方自身が里親として問題なわけではないので後味は非常に悪く、電話を終えた時のモヤモヤとした気持ちは心に残り続けた。そして「この子達は私が育てよう」と、獣医さんに連絡をして、里親募集のチラシは捨てて貰った。

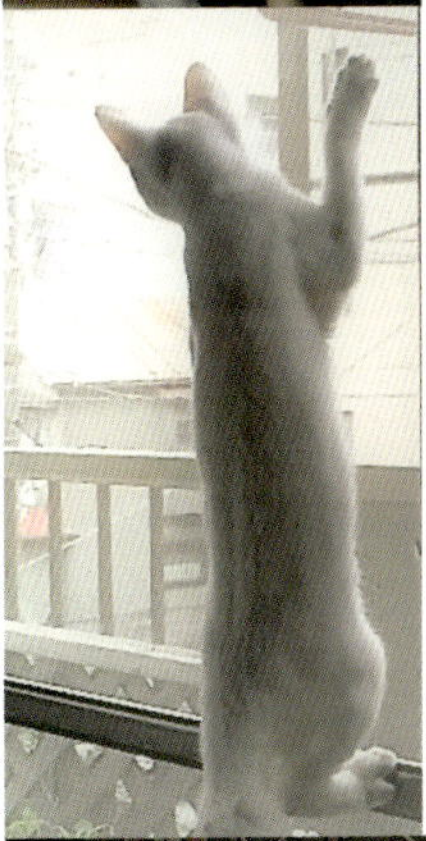

なんという悲劇

2009-01-19 18:01:08

姉弟の中で一番元気に走り回るひなこ。三匹がおもちゃで遊ぶ中、ひなこだけが息切れでリタイアした。床に横になって手足を投げ出し、口を開けたままゼイゼイと呼吸している。他の二匹は遊び続けたまま。しばらくしてひなこも次第に回復していく。鼻の通りが悪いのか、息が上がりやすいのか。ひなこは幼少期から声を出しながら離乳食を食べていたので、『この子は少し身体が弱いのかも。でも一番活発だし、一才児の健診で診て貰えば良いか』くらいに考えていた。しかしながらそれ以後も、夢中で遊んでいるかと思うと急に横たわることがあり、どこか気にはなっていた。

そして、今日は明らかに様子がおかしかった。遊んでいる最中に呼吸困難を起こし、身体を後ろに引いて一生懸命呼吸をしている。嫌な予感がして、不安に押し潰されそうになりながら車を飛ばして獣医さんへ向かった。先の診察の方々で時間を取っていてすぐには診て貰えない。車に乗せたことにより、更に苦しそうにするひなこが腕の中でもがいていた。「もう息が止まりそうです！」待合室で看護師さんに泣きつき、思わずひなこを差し出してしまう。看護師さんは私の腕からひなこを抱き上げ、処置室へ向かってひなこを落ち着かせている。その姿を見て、自分はなんて無力なんだろうと立ち尽くしてしまう。

検査の結果、獣医さんから言い渡された病名は「猫白血病ウィルスによるリンパ腫」。一才にも満たない幼猫ひなこが、ガンを患っていると言うのである。意味がわからなかった。治せるんだろうと思った。でも、先生は私を見据えてひと言「大変な状態です」と言った。

『・・大変な状態だけど、治ります、なんでしょ？』

その先に聞こえてくる言葉は、呼吸困難、窒息、抗ガン剤、病理検査・・。耳慣れない言葉を理解する前に涙が溢れ出てくる。なんで私はもっと早くお医者さんに連れて来てあげなかったのだろう。

猫の白血病ウィルスの潜伏期間　2009-01-21 23:04:09

昨日のひなこのウィルス検査の結果を言い辛そうな先生の様子が眼に焼きついていた。先生は「完全室内飼いのひなこに猫白血病ウィルスが入るわけがない。家の猫で他に感染している子がいて移されたのだと思う」と仰る。我が家には、先住猫で春に十歳になるオスの「ぴょん」、野良猫から飼い猫として迎えたメスの「ハナ」、ハナの産んだ「ひなこ、ザビ、ニャッキ」の全五匹がいる。その中でウィルスを持ち込んだのは、かつて表で生活していたハナしか考えられなかった。

腑に落ちないのは、ハナは保護後にウィルス検査をして陰性と出ていた点だった。ただ、そのウィルス検査をした時点が感染直後であれば、陽性に転じるのに一カ月掛かるケースがある。検査は不運にもその期間内だったのだろうか。ひなこ以外の猫にも感染があるか調べるために、ハナとザビ、ニャッキを連れて病院へ向かった。昨日のひなこの通院を知らない看護師さんから「ハナちゃんは前の検査で陰性と出ていますけれど」と不思議そうに尋ねられる。先生も私も言葉を飲み込んでしまう。

夕暮れの待合室にて三匹が互いを呼び合って騒がしくしていたのもつかの間、先生から診察室へ呼ばれると「全員陽性です」と告げられた。推測通り三匹の仔猫は母子感染をしていて、ハナの前回の検査時には猫白血病ウィルスは潜伏中で、結果には反映されなかったことが判明した。この知らせは、既にリンパ腫を発症したひなこだけでなく、ハナ、ザビ、ニャッキもいずれガンになるという意味だった。肝臓を患う先住猫のぴょんを含め、うちの猫の全てが「病気の猫」となった瞬間だった。

突きつけられた事実に衝撃を受けたが、しばらく考えていた。ハナの最初の通院日に、「ウィルス感染してますね。妊娠もしてます」と言われていたら、私はどうしただろう。恐らく凄く悩んだ末に、それも縁と思って状況を受け入れたと思うのだ。仔猫達が生まれて来るのなら育てようと決心したと思うのだ。そう考えると、いつこの事実を知ったとしてもやるべきことは一つだと思えるのだった。

猫白血病ウィルス持ちの猫との同居猫

2009-01-22 23:33:51

ひなこの病気が発覚して散々泣いた後、すぐにそんな場合ではないと気付いた。先住猫のぴょんとの同居問題だ。猫白血病ウィルスキャリアの猫がいると多頭飼いは難しいとされ、食器やトイレの共有、毛繕いも避けたほうが良いと聞く。仔猫達は成長するにつれ、ぴょんに親しみを持ち、毛繕いをしたり、横からご飯を分けて貰ったりしている。もう微笑ましい光景だと喜んではいられない。ぴょんにもウィルス検査をしなければならなかった。結果が陰性ならば即猫白血病ウィルスワクチ

ンの接種となる。それはひなこ達との共生には不可欠だとの説明だったが、私は躊躇っていた。数年前の開腹手術以来、体力のないぴょんにワクチン接種を見送っている。闘病中の身体はワクチンの副作用に耐えられるのだろうか。万が一ぴょんにも感染が及んでいた場合、抗ガン治療は不可能であることも判っていた。もう受け入れるしかない状況であっても考えるだけで吐き気がした。

　ぴょんとひなこを連れて獣医さんへ向かった。ぴょんの採血をして待つこと十分。久しぶりに先生を始め看護師さん達も穏やかな表情をしていて、ぴょんは陰性であると確認が取れた。そのまま、ワクチン接種の用意が為され、右のお尻あたりに打たれる。意外な注射箇所を見入る私に、「万が一、副作用で腫瘍が出来て切除が必要な場合に、ここなら切り易いから」と説明される。

　ひなこはというと、自宅投与のステロイド錠でリンパ腫の腫れが一気に引き、気管の圧迫が減ったようで呼吸の確保が楽になっていた。可能であれば、今日胸に針を挿してバイオプシー（病理検査）をして腫瘍のタイプのを見極め、近日中には抗ガン剤治療に入る予定と聞く。ひなこにまだ治療法が残されていて、すぐに彼女を亡くしてしまうことはないと知り、思わず涙が溢れ出る。

　先生はまずひなこの身体を触診し、聴診器を当ててから少し微笑み、「凄い元気でしょ?」と言う。やっぱりお医者さん、判るんだ。確かに食欲旺盛で、鳥を見て叫び、完全に元のひなこに戻っている。

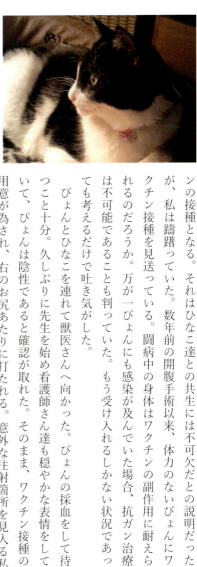

ただ、活発になり過ぎて、診察台で腹部エコー中に身体を翻そうと試み、「これじゃ針は刺せないかなぁ」と我々を困らせた。先生はひと息ついて、「もう始めましょうか」と仰る。どうやら抗ガン剤の第一回目投与を、生検をせずに進めてしまおうかということだった。腫瘍のタイプの特定が出来ても、抗ガン剤治療の流れは同じらしい。それを聞き、生検なしで化学療法を始めることを決めた。投与パターンを考慮して毎週土曜に通院することとなり、第一回目は明後日となった。

今日の通院でぴょんが陰性だったことに安堵して、心配して下さった周りの人に連絡を入れた。あとは、ひなこが抗ガン剤治療に耐えられるよう、栄養のあるご飯に暖かい家とストレスフリーな環境を整えようと誓い、シラフで居られるよう一人ノンアルコールビールを飲み干した。

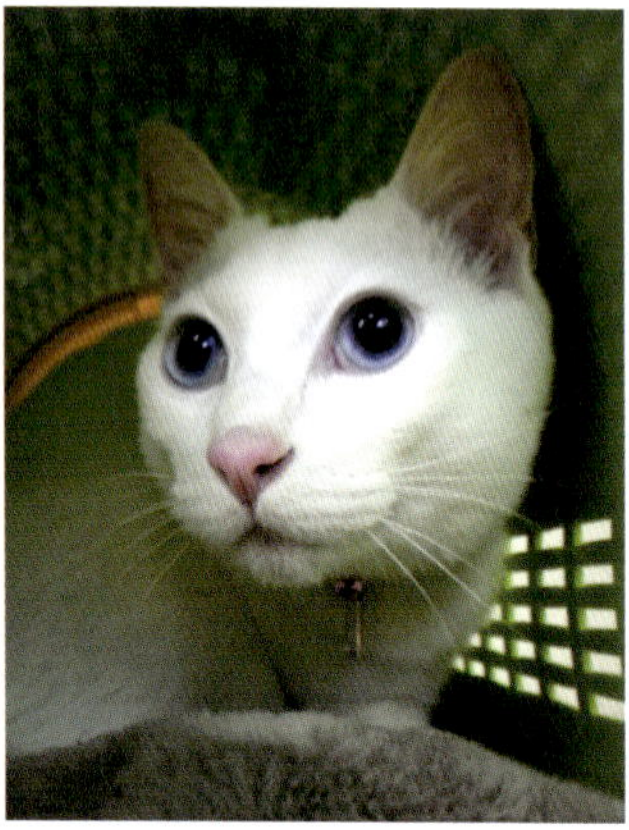

抗ガン剤治療の治療手順（プロトコル）について

2009-01-23 21:05:46

猫の抗ガン剤治療も国内外で研究が進められ、獣医師によっても方法は様々。昨日の通院でリンパ腫の治療手順（プロトコル）のリストを戴き、ひなこがこれから受ける治療の説明を受けた。表は手順書で、左の数字は「投与週」、カタカナ表記は使用される抗ガン剤名である。

週	使用抗ガン剤の種類			投与方法
1	オンコビン	ロイナーゼ	プレドニン	注射
2	エンドキサン	プレドニン		注射
3	アドリアシン	プレドニン		点滴
4	オンコビン	ロイナーゼ		注射
5	エンドキサン	プレドニン		注射
6	アドリアシン	プレドニン		点滴
7	オンコビン	ロイナーゼ		注射
8	エンドキサン	プレドニン		注射
9	アドリアシン	プレドニン		点滴
10	なし	なし		
11	オンコビン	ロイナーゼ		注射
12	なし	なし		
13	エンドキサン	プレドニン		注射
14	なし	なし		
15	オンコビン	ロイナーゼ		注射
16	なし	なし		
17	エンドキサン	プレドニン		注射
…	……	……		……

週代わりで違う種類の抗ガン剤を投与するのは、薬に対する耐性を作らず、立て続けにガンを叩いて効果を得る仕組み。ステロイドであるプレドニンは毎週使用。一週目のオンコビンと二週目のエンドキサンは注射投与なので即帰宅出来る。三週目のアドリアシンは点滴投与となり一日入院を要する。

このアドリアシンは、上限累積投与量（生涯投与量）が決められているほど毒性が強い薬。血管外に薬が漏れてしまうと（血管外漏出）、その部分が壊死するため投与は慎重に行われる。抗ガン剤には神経毒性、便秘、嘔吐、脱毛、発熱、肝障害、アナフィラキシー、心不全、腎障害、心筋障害、骨髄抑制等の副作用が出る可能性がある。

先生は、とりあえず三週三薬を一クールとして数回行い、十七週まではオンコビン、エンドキサンを隔週で入れてガンを叩き、効果を見ながら投与の間隔を見ていきたいと言った。また、抗ガン剤治療プロトコル第九週が終わるまで、自宅で朝晩の錠剤投与（朝：ステロイド・抗生物質・胃薬、夜：抗生物質）も必要だと知り、身が引き締まる思いだった。

一通り内容を理解して、改めてことの深刻さを知る。長期に渡る治療もストレスだろうし、何しろあの小さな身体を酷い副作用に遭わすと思うと憂鬱である。でも恐らくあと三匹がこの治療を追って始めることを考えると、泣き言も言っていられない。

猫白血病によるリンパ腫抗ガン剤投与第一週目　2009-01-24 23:12:16

朝一番でひなこの抗ガン剤治療初回に向かった。朝一に来るよう指定されたのは、万が一激しい副作用が出た場合に、夕刻までに対応が出来るからだそう。まずは血液検査で白血球数や黄疸の有無など調べ、身体が抗ガン剤に耐え得る状態か見極める。同時にレントゲン撮影。五日前の初診で、胸全体に広がっていたリンパ腫がステロイドの効果で半分のサイズになっている。「予想はしていたが、こんなに小さくなるとは！」と先生も嬉しそう。これでガンを叩けばかなり良い結果が望めるかもしれないと言われる。

初診日に抗ガン剤を投与していたら、ショック死していたかもしれない程に深刻な状態だったと聞かされ、今更ながら鳥肌が立った。抗ガン剤治療開始前にステロイドを使うと抗ガン剤に対する衝撃を和らげるが、長期投与をすると抗ガン剤の効きが悪くなるらしい。この五日間のステロイド投与は長いのか短いのか。既に小さくなっているのであれば良かったのだと信じることにした。

診察台の上で何度か鳴き声を上げていたひなこも、静脈注射で抗ガン剤が投与される間は大人しくしていた。先生は「発熱、嘔吐、下痢等、どの薬がどのように副作用で出てくるか知りたいので見ておいて下さい」と言った。「今日が山ですから。今日越せるかどうかです」とこちらを見る。その言葉の意味が恐ろしくて、心に鋭く刺さるのを感じる。

帰宅して、カーテン越しに表の鳥を眺めるひなこの幼い背中の丸みにを目にして、何とも言い難い悲しみが襲う。「大丈夫、ひなちゃん。絶対に大丈夫だから」とその背中に話し掛ける。ニャッキがひなこに駆け寄って、「ひなちゃん、この匂いは何？大丈夫？」という様子で注射された足を舐めてあげていた。なんてニャッキは優しいのだろう。しばらくの間、ひなこは元気な時と変わりなく、懇々と眠りに就いたのは昼過ぎだった。身体を触ると多少の体温上昇があったが、ステロイドの影響か夕方にはご飯もしっかり食べ、まだ嘔吐も下痢もない。今晩は何度か起きてひなこの様子を見るようだ。

抗ガン剤治療は血液検査、レントゲン、抗ガン剤、自宅での服用薬と一度の通院で多額の費用が掛かる。それでも命には代えられない。お姉ちゃんはひなこにまだ治療法があることに感謝して、その費用を喜んで稼いで来ようと思います。

抗ガン剤投与第二週目

2009-01-31 22:30:22

土曜。ひなこの抗ガン剤投二週目。先週まではキャリーを出すと興味津々で自分から入って行ったのに、学習したのか今日は足を突っ張ってなかなか入らずにいたので苦労した。

血液検査をしている間に思い切って「この病気は治るんでしょうか」と先生に聞いてみる。比較的明るい表情で「治りますよ。ただ完治ではなく寛解という状態ですが」と言う。寛解とは難治の病に使われる用語で、病状が落ち着き、生活するには問題ない程度に治った状態を言う。治療のプロトルが敷かれる中、いつの時点で寛解が得られるのか聞くと、獣医さんの中でも見解が異なると聞いた。呼吸困難で運ばれた最初の時点から考えれば、一度目の投与を終えて、落ち着いている今も寛解と言えるのだそうだ。ただガン治療による「長期的に寛解が得られた状態」とはまだ言えない。そんな話をしている間、ひなこは診察台の上で看護師さんによりタオルに包まれ、まるで他人事のように私達を見上げながら会話を聞いていた。

採血の結果も良かったので、そのまま抗ガン剤の注射投与となった。小さな身体で大きく抵抗したため、先生と看護師さん達の緊迫感が伝わって来る。せめてもと私もひなこに小声で話し掛けて、動かないように協力する。

帰宅後のひなこは、ザビと重なり合って仲良く寝ていた。ひなこが起きると寝ているザビの毛繕いをしてあげて、ザビが起きると寝ているひなこを毛繕いする。そしてまた身体を寄せ合って寝てしまう。微笑ましいけれど、彼らの命が短命なのだと思うとどうにもやるせない。ひなこがこの二週目の抗ガン剤を難なく乗り越えられますように。

ボク、ザビです。ひなちゃんがおねえちゃんで、ニャッキちゃんがおとうとなの。ボクの毛はふわふわなんだって。ひなちゃんよりふわふわなんだって。体もぽってりしてぐにゃぐにゃだってねえさんがよく言ってる。雪見だいふくクンとかボクのことを呼ぶの。あとボク、どんくちゃいんだって。どんくちゃいってなんだろう。高いところとかのぼろうとしてのぼれない時あってその時に笑ってよくそう言われるの。
ボクとひなちゃんはそっくりなんだよ。後ろ姿だとみんなわからないんだよ。ねえさんは、ボクのこと大好きなんだって。ボクもねえさんによく甘えるの。ねえさんのお膝にいるのが大好き。ぴょんおじちゃんも好き。大きくて優しくてすごくカッコいい。ボクもいつかぴょんおじちゃんみたくカッコいい大人になるの。

2009-02-07 23:10:01

ザビもリンパ腫に

第一週目、第二週目の投与に使う薬は比較的穏やかであるのに対し、第三週目の薬はかなり強いと聞いていた。朝一から夕方まで終日預ける必要があるのは、抗ガン剤を点滴で二、三十分掛けて体内に入れた後、夕方まで点滴で薬の濃度を希釈する必要があるからだと説明を受けた。

昨夜、ひなこがそのきつい抗ガン治療を翌日に控えているという状況で、食欲のないザビが急に嘔吐した。様子がおかしい。呼吸がやたらに速い。横腹を見ても大きく膨れたり引っ込んだりしている。ザビもリンパ腫を発症してしまったのだろうか。『いつか来るとは思っていたけれど、まさかこんなタイミングで？』と胸騒ぎを覚えていた。

夜は緊張のためよく眠れなかった。ザビが早朝にも空吐きしたので一緒に連れて行くべきか悩んだが、今日はひなこにとって大きな治療日。予定通り、ひなこだけを朝一番で連れて行った。先生にザビの様子を伝えると、ひなこの検査結果を待つ間にザビも連れて来るように言われる。慌てて帰宅して、寝ているザビを起こして病院に向かった。すぐにレントゲン検査が行われ、先生は悲しい表情で

「ひなこと同じです」と言った。

私は何故かとても冷静で、悲しい気持ちも封じ込めていたのか今後の治療のことを尋ねていた。ひなこと比較してどれ位悪いのか。ザビの抗ガン剤治療はいつから始めるか。先生は即日でも、と考えていたようだったが、ひなこと同様にステロイドの錠剤から始めて良いか尋ねてみた。以前、初回の抗ガン剤でショック死を起こすケースを聞いていたからで、しばらく考えていた先生も「では、今日はステロイド剤のみ。明日から抗ガン剤を使いましょう」と同意して下さった。

待合室でザビが鳴くと、病院奥の入院室でひなこが鳴いて答える。

一人で頑張っているひなこが可哀相でひと目様子を見に行くと、行儀よくケージの隅にお座わりをして怯えもせずに抗ガン剤を点滴投与されていた。留置針を入れられた腕は包帯で固定されていたが、「頑張ってね」と何の気なくその腕に触れると、熱湯に漬けたような腕の熱さで驚いた。彼女の受けている治療の過酷さに改めてショックを受けた。

ひなことザビの二匹が連続して発症したことにより「ニャッキも確認したい」と先生が仰るので、一度戻ってからニャッキも連れて行った。ニャッキはまだ発症していないと知り、胸を撫でおろす。ニャッキの胸の写真を目にして、ひなこやザビのものとは明らかに違うことに驚いた。白いモヤっとしたものはそこにはなく、これが健康な猫の胸の写真かと見入ってしまった。

夕方、ひなこのお迎えの際に診察室に呼ばれ、一時的に高熱となったことを聞いた。いまは少し下がったが、静脈点滴を止めたらまた発熱する可能性があるとのこと。先生としては、入院させて朝まで点滴したほうが安心だけれど、入院がストレスの子だと逆効果だからどうしようか迷っていると仰った。私にまず顔を見て欲しいと言われたので一緒に入院室に行く。ひなこに触れると、彼女は嬉しそうに撫でられていた。先生は今日は帰した方が良いと判断されたようで、「大丈夫かな。では帰宅の用意をしますね」と入院室からひなこを抱きかかえた。

留置針が刺されていた右腕には綺麗な色の伸縮包帯が巻かれたままで、腕に違和感があるのか帰りの車中でひなこはずっとそれを舐め続けていた。「出来れば二日位はこのままで」と言われていたが、嫌がって帰宅後も腕をフリフリ家中走り回るので、ストレスも大きいと思い、仕方なく取ってあげる。

夜は食欲もあり、走り回っていたので元気で有難かったが、嘔吐や下痢の副作用は投与から二～四日後に出ると言われていたので、安心は出来なかった。問題があればすぐに連れて行かねばならず、その期間は有休を申請して、ひなこに寄り添う準備は出来ていた。

一方、ステロイドしか投与していないザビがグッタリとしている。明日にはザビの抗ガン剤治療が開始となる。「この子達はまだ一才にもなっていないのに」と深い悲しみに勝てない。不安が大きく、夜にひとしきり泣き、明日病院でしっかり出来るよう備えた。私が泣く間、ザビが横に来て顔を見上げて甘え鳴きをし続けてくれた。大変なのは彼らなのに私が泣いてしまうなんて申し訳ない。

ザビの抗ガン剤治療第一回目

2009-02-08 10:50:46

我が家のオス猫達は、獣医さんに行くと叫びまくる。彼ら以上に鳴く猫には会ったことがない。ひどい飼い主になった気分で人目が気になる。「シー！」なんて言ったところで通じない。

今日はザビの初めての抗ガン剤治療の日。怖がりのザビはキャリーケースを見るなり逃げてしまう。今より元気になるからねと話しながらキャリーに入れる。昨日の診察時のザビの体重は四・九キロ、今朝四・七キロ。小さな猫が一晩で二百グラムも減るなんてと神妙な顔をしていたら、ステロイドを入れたのでリンパ腫の腫れが引き、体重も減ったのだと説明を受ける。肺の音を聞いて先生は「昨日とは全く違う」と仰る。そのまま抗ガン剤投与となったが、ザビは怖さに診察台の上でブルブルと震え、何度も私の方にほふく前進を試みたが、看護師さんにしっかりと止められた。帰宅して今は三姉弟揃って暖かい場所で眠ている。ひなこに習って、ザビも早く元気になって欲しい。

二匹の抗ガン治療副作用の違い

2009-02-10 21:29:00

今日は、二匹が抗ガン剤を入れてからひなこが三日目、ザビが二日目。副作用も遅れて出るので注意するよう言われていたけれど、ひなこは未だ元気に跳ね回っている。発熱なし食欲旺盛、便も問題ない。一方、ザビは投与当日に食欲も落ち、一匹でぐったりと眠り続けていたため心配で仕方がなかった。ひなことは副作用の出方が全く違う。眠り方もリラックスして真横にはならず、カチンと香箱座りをしたままで緊張感が漂っている。顔の頬骨はせり出し、目の下にも一本皺が入った。身体の皮が弛んでしまったかのようにも見て取れる。まだ十一ヶ月齢の仔猫なのにたった一度の抗ガン剤投与でお爺さん猫のようになってしまった。私が撫ぜても甘えるどころではなく、煩わしいのか少し離れたところに移動してしまう。元は甘えん坊のザビなので、この拒否行動にはこたえた。

ザビは酷い下痢もした。ひなこに副作用が出なかったため、抗ガン剤治療は聞くほどキツくないのか

と誤解してしまっていた。リンパ腫に関して調べていると「オスはメスより予後が悪い」とか「抗ガン剤治療で一年半程延命が可能な場合もある」と読み、『一、一年半？！』とショックを受ける。そしてそこには「無治療だと一ヶ月で死に至るが、治療をして寛解を得れば健康な猫と同様に暮らしていける」とあった。時が止まったかのようなショックを受けた。一年半なんてあっという間だ。ザビ達はこんなに辛い抗ガン剤治療を一年半の延命のためにしたいだろうか。まさかそんな短命に終わるシナリオなんて想像もしなかった！
同時に先生の言葉がぐるぐると頭を回る。「一回目の投与のショックと三回目のキツイ治療を乗り越えられれば、あとは楽なんですけれど」と。ザビは乗り越えられるのだろうか。このままどんどん体重が落ち、体力も奪われ、来月の一才の誕生日も迎えられないのではないか。泣き出したい気分だけど、泣くとまるでザビがすぐに死んでしまうみたいで、気持ちのやり場が判らずにいる。
出勤しても気分が晴れず、仕事にも集中出来ない。けれど、帰宅して確認するとひなこは安らかに寝ているし、ザビは抗ガン剤の副作用も薄れたのかご飯も食べてウンチもした。ホッとしている私にザビがグルグルと寄り添って来たので、安心した弾みでウワっと涙が溢れた。ザビは『ドシタノ？』と戸惑っていたけど、泣いたらすっきりした。どうやら、かなり情緒不安定になっている私。

ひなこ左目が白濁

2009-02-13 22:52:43

昨晩、仕事から帰宅するとひなこの左目がおかしくなっていた。左目の瞬膜がせり出て来ているなぁと思っていたら、粘膜がみるみるピンクに腫れて、あっという間に開き辛そうになり、眼球が擦りガラスのように白濁していった。このまま失明してしまうのかと不安に感じたが、ひなこ自身は元気なのか新しいオモチャに夢中で走り回っていた。瞳の白濁も抗ガン剤の副作用なのかと調べると、失明や視力低下などの説明は見当たらない。今日通院すべきか悩んだが、朝には既に黒目が判るほどに回復していた。ニャッキと家中を走り回っていたのを見て、病院行きは見送り、帰宅後にひなこの目を覗き込むと、あんなに濁っていた左目が綺麗なブルーに戻りつつあり、ホッとして抱き上げて、「良かった！良かった！」と抱きしめた。

目の白濁はブドウ球菌の仕業

2009-02-15 23:16:34

二日でひなこの目は完全に元の青色に戻り、狐につままれたような気分になる。病院で白濁した時の写真を見せると、「あ、これはブドウ球菌だ」と、抵抗力が低下しているため二次感染を起こしたのだと先生から聞かされた。

ザビの方は血液上も問題なく、レントゲンで腫瘍は無くなっていると確認が出来た。ただし、細胞レベルではまだガンがある可能性が高い為、抗ガン剤の投与は続行。「どんだけ食べてるんだってくらい食べてますね」と先生に笑われる。そうなのです。いつの日か食欲が無くなってもザビが持ちこたえられるように、食べる時は目一杯与えてしまうのです。

ひなこもザビも治療が終わり、待合室で会計を待っていると、二匹が一緒に入ったキャリーを見た方々が「まあ可愛い！」と声を掛けて下さった。色々質問され、「保護したメス猫から産まれた雑種です」や「もう少しで一才です」等、よくある会話でその場は明るい雰囲気に包まれた。「今日はなぜ病院に？」と聞かれ、「この子達二匹共ガンなんです」と言うと、一瞬にして待合室の空気が冷えて行くのが分かった。まだ幼さが残るこの猫達が、悪性リンパ腫の治療をしていると聞いて言葉が出なかったのだろう。自分がその立場でも、どう声を掛けるべきか咄嗟には浮かばない。

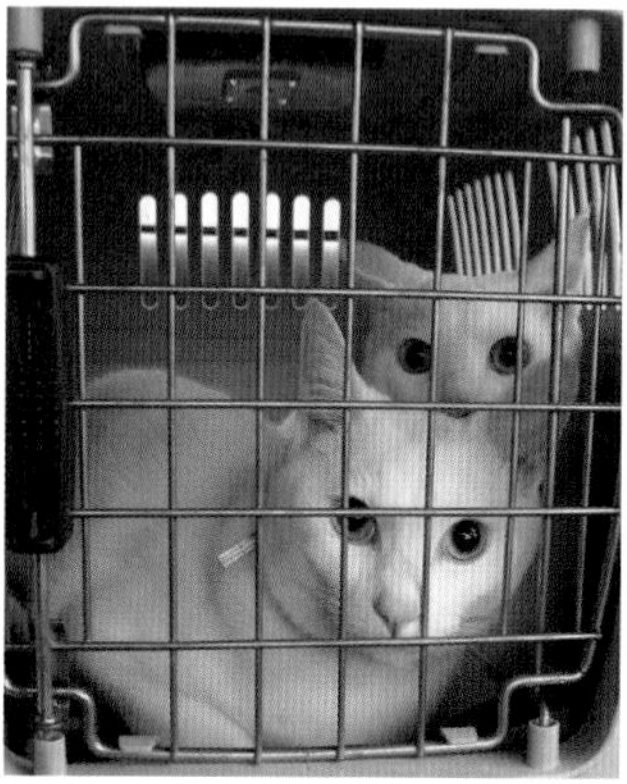

ひなこ五週目、ザビ三週目

2009-02-23 14:11:52

こんにちは。私の週末はいつも獣医さんへの通院で始まります。一番乗りで病院に到着して診察開始を待ちます。早く行き過ぎても猫達が興奮すると体温を上げてしまうので、天候や道の混み具合を考えて、家を出る時間を考えなければいけません。今日は二匹とも血中コレステロールが高過ぎて、「ステロイドが効いて食欲が増しているのは判りますが、数値がここまで高いと血が止まりにくくなる問題が出るので、フードはもう少し控えて下さい」と先生に叱られました。基準値の最大が六十九のところ、二匹共に五百以上の値だったみたいです。ホント、申し訳ありません。ひなこは五週目の抗ガン剤を注射投与し、そのまま連れて帰れます。ザビは初めての入院治療。既に入院室で猫と子犬が大合唱していたので、入院中のザビのストレスは大きそうです。

ザビを夕方六時に迎えに行くと、既に入院ケージから出されて止血処理が為されていました。初めての入院治療で緊張のためか食べなかったようですが、問題なく連れて帰れる状態とのこと。ひなこの初回の入院治療では、高熱が出て入院が検討された為、ザビはスムーズに終わってホッとしました。帰宅後、オモチャで遊ぶ余力を見せるザビも、初回抗ガン剤後のように激しい副作用があるか心配していましたが、この日は夜中に少量の下痢のみで済みました。治療は着々と進んでいます。

ちょっとノイローゼ気味なのかなぁ

2009-02-27 22:49:00

仕事で疲れていたり、体力が落ちていたりすると考えがネガティブになる。ひなことザビに対して無意識に命のカウントダウンをしている。この子達はいつまで生きられるのだろう。今は辛くないのだろうか。ニャッキとハナがまだ元気に暮らしているだけに、対照的に不調オーラを醸し出すひなことザビを見るのは辛い。治療とはいえ成長期にきつい薬を身体に入れるのは良いわけがないのだ。それはザビに極端に反映されている気がして、『生きてて楽しいかな』、『小さいのにダルさを感じながら暮らしていくのは嫌だろうな』と、その痩せこけた頬とくぼんだ目を見て思う。一体、私がしていることは正しいのだろうか。

ひなこでち。きょうであたち達は一才！

はじめまちて。あたち、ひなこ。今日三月三日はあたち達一才なの！ひなまつりの日に産まれたからひなこなの。三匹であたちだけが女だから。あたち病気なんだって。ずいぶん前からくるちくて、遊ぶどこじゃなくなって。ビョーインてとこ行ったの。こわかったけど、もうくるちくはないの。はしり回れないけど、前よりずっと楽。それと病気になってから、大好きなご飯が食べられるの。ねえさんが手から食べさせてくれるんだよ。おくちゅりよって。ばあばもよくおなかモミモミしてくれる。おうちの人たち、やさちいの。あたち、食べすぎなんだって。ウンチも出すためにおみず飲みなさいって。冬のちゅめたいおみずはイヤだけど、お風呂のヌルマ湯はサイコーなの。ねえさんはお風呂に入るたびにヌルマ湯くれるよ。あたち、ひとしきり飲んでポカポカしてきたら、フタの上で寝ちゃうの。ねえさんがお風呂をあがっても気が付かないくらいにゃの。今日もねえさんとお風呂に入ったよ。おんにゃどおし楽しかったな。

猫の抗がん剤治療がすすんで

2009-03-07 20:25:31

ザビの治療五週目、ひなこは七週目。ザビは食欲が落ち、寝ているばかり。四・九キロあった体重も三週間で四・二キロまで減りました。おちびのひなこより三百グラムも少ない。以前は三兄弟の中で一番大きかったザビなのに、行動がまだ幼猫なだけにそげた頬を見ていて痛々しいです。

どうやら抗ガン剤治療が良好に進んでいるのはひなこだけのよう。先生曰く、胸腺型リンパ腫のセルの種類が二匹で違い、ザビは複合型なのかもしれないとのこと。血液を顕微鏡で見てもひなこのガンは薬で叩き切れているものの、ザビはまだ腫瘍から作られた異型リンパ球が見て取れるといいます。ひなこは副作用で発熱もありましたが、ザビは発熱もなく、発熱がないということは抗ガン剤が体内で闘っていないということで、彼のガンの種類にはあまり効果はないのかもしれないとの見解でした。

夕方には、ひと月前に猫白血病ウィルスワクチンを入れたぴょんのウィルス再検査をしました。結果は陰性。これでぴょんが不調になっても感染症由来の可能性は消すことが出来ます。大変だけど、この五匹と一緒にいられるのはとても幸せに感じます。神様ありがとう。

昼からの抗ガン剤投与

2009-03-20 17:52:44

獣医さんから「次の週末は急用にて午前休診なので、ザビの来院時間は先生の戻られる昼前に変更して欲しい」と連絡が入りました。ひなこは注射投与、ザビは一日入院の回です。「ザビは診療終了時間の夜七時ギリギリまで点滴をして、もし発熱があれば夜は入院にて点滴を続けたい」とのこと。連れ帰れるのか、泊まりになるのか実際に治療してみなければ判りません。通常は終日かけて行う治療なので、昼からだと抗ガン剤の希釈時間が三時間は短くなり、ザビの身体には大きく負担になります。かといって入院も大きなストレス。どちらにしても大丈夫かなあ・・と迷ましい。

当日昼前、午前臨時休診の札が出ている中、院内に先生の姿が見えたので慌てて入っていくと、診察台には既にザビ用の注射器、ガーゼ、包帯、テープ等が並べられ、準備は整っていました。採血中に家での症状について話していると、針を刺したザビの前足からトクトクと鮮血が流れ出る場面がありました。「おっと！」と対応する様子を目にしながら、純白の猫の毛の上に染みていく血の鮮やかさにハッとします。ザビはまだきちんと生きていると感じます。

一方、ひなこの抗ガン剤注射は、午後診療開始の四時予定。ひなこは機嫌が悪かったのか、先生が針を入れた瞬間に前足を

バタつかせ、看護師さんの保定も崩し、ザビ同様足から出血しました。白い被毛に真っ赤な血が染みるのがまるでデジャヴのよう。偶然が重なるところに姉弟猫なんだなあと驚いてしまう。ひなこには、止血後に逆足からの抗ガン剤投与が為されました。

今晩ザビは入院になるのか聞いてみると、先ほど三十九度四分に熱が上がったものの、下がっては来ているので帰宅させても大丈夫だと言われました。それならば目一杯点滴を入れて貰った方が良かろうと診療時間終了間際に迎えに行くと、人の顔を見るなり、怒りで鼻の頭を赤くさせてギャーギャーと鳴き続けるザビがいます。「只でさえ点滴時間が短く抗ガン剤の血中濃度が高いのに、興奮したらもっと熱が上がるではないか〜！」と、こちらも鼻息荒く車を飛ばして連れ帰りました。

フード問題

2009-03-31 00:18:28

なんだか私がグッタリしている。疲れたなんて言葉にすると、治療も悪い方向に進む気がして言えずにいるけど・・・。身内に当たったりする自分が嫌。ザビは抗ガン剤の副作用なのか、食べさせるのが大変になってきた。大好きな鶏ササミもあまり食べない。彼は他の猫より警戒心が強く、ウェットフードに舌先を入れて酸味や苦味などないか確認してから口に入れる。錠剤のステロイド入りのフード団子で苦味を感じて以来、好物だったウェットフードさえ口にしなくなった。無理矢理薬を飲ませるのは並大抵のことではなく、ザビは私に対する不信感が募り、朝になると「またクスリ？」と人の顔を見て逃げ出すし、投与後に振り返って見つめる眼は「おねえちゃん・・なんでボクにこんなことするの?」と言っているかのよう。これはツライ。

ぴょん用に買ったシニア用ドライフードが一番好みらしく、他のは進んで食べない。切らしてしまってどこか店頭販売していないかなあとネットで探していたら、ザビがニャンとひと鳴きして足元に寄り添ってきた。きっとお腹が空いているのだ、と普段は与えない嗜好性の高いウェットフードをお皿にあけてみる。意外にもムシャムシャ食べ始め、その匂いにニャッキとひなこも飛んできて三匹で並んで食べ始めた。食べてくれればいい。体力をつける方が優先だと学んだ。

私もいつかは死ぬんだけど、自分が愛でているものが想定よりもうんと早くに召されることに、私はどう感じてどう対処するんだろうと不安になり始めている。でも、副作用と闘いながらも生きるためにご飯を催促する彼らを見て、先のことを悩むのはやめようと思った。そんなことを考えてまたお風呂でメソメソしていたら、少し開いたドアからニャッキが顔を出して私の様子を見ていた。

角膜の上にガン腫瘍?!

2009-04-06 00:54:55

毎週先生には「息どうですか?」と聞かれる。実は良く判らない。以前は激しい取っ組み合いをしていたので息が上がるのを見て取れたが、今はもう遊ぶこともしない。息がおかしいのかなと思う時もあるが、実はグルグル甘えているだけだったり、一生懸命匂いを嗅いでいるだけだったりする。

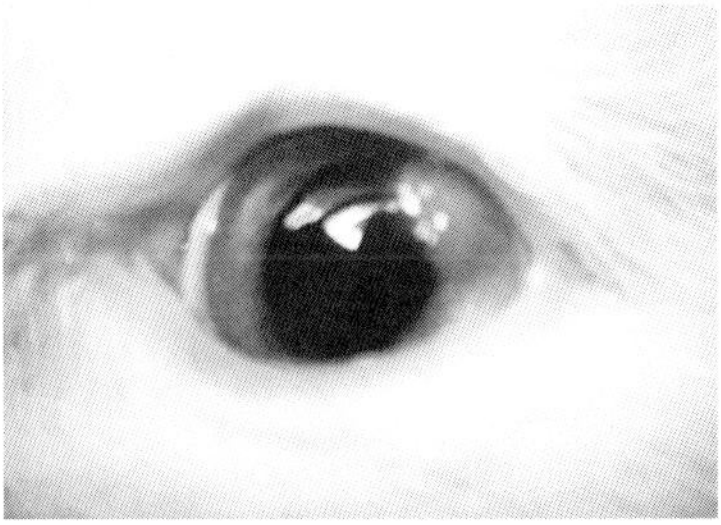

ひなこは一旦一連の抗ガン剤治療が終わり、先週末から自宅での投薬も無しになったが、薬絶ち四日後に目に異常が起きた。元気も食欲もあるけれど、見た目は痛々しい。以前、ぶどう球菌の二次感染が起きて、目が白濁したけれど今回のは少し違う。診察室で先生は「そっかぁ・・」とショックな様子。角膜上に腫瘍が出る子もいるらしいのだ。眼球を念入りに見てから胸の音を聞き、「肺はきれいな呼吸をしている」と安心するも、検温すると三十九度七分。「来る前からこんなに熱かった?」と聞かれる。私も慌ててひなこに触れてみると確かにキャリーに入れた時より熱い。今日の治療はどうするか。とりあえず採血とレントゲン検査の結果待ちとなる。

混み合う待合室で飼い主さん同士の談笑が聞こえてくる中、角膜に出来ているものが腫瘍だったらと考えると、急に視界が歪んでくる。いけない、いけない。その場合はどういう治療をするんだろう。いつもこの待合室では靄の中を歩いているような気分でいる自分に気づく。

検査結果が出て、レントゲンで胸の腫瘍が小さくなっていることは確認出来たけれど、採血で白血球数が少ないと知らされた。「眼のできものがウィルス感染で起きているなら白血球も増えるはず。また、ガン細胞の増殖があるならカルシウム値も高くなるけれど、それも通常範囲内」と先生も納得がいかない様子。「結論として原発である胸腺のガン腫瘍に肥大はないのに、目にガンが出てくる可能性は低い。また目に腫瘍が出来るとしたら、角膜上ではなく内部のブドウ膜に出るはず。これが悪

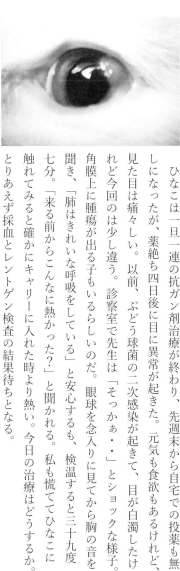

性腫瘍なら眼球裏のリンパ組織からの出血が見られるはずである」と腫瘍の可能性は否定された。

　とりあえず今日は高熱なのと、目の異物がウィルス感染によるものだと抗ガン剤で悪化させる可能性もあるので、治療は見送りに。最後に「家でも目に軟膏入れられる？」と聞かれ、診察台のひなこで見本を見せて貰った。頑張りますとは言ったものの、あんな神技は素人には出来ないよ。

ますます嫌われる飼い主へ

2009-04-07 23:35:07

　ひなことザビが一日でも元気に過ごしてくれるなら愚痴は言いません。ですが、せっかく看病を重ねても、愛する猫から嫌われていくのは悲しい。警戒してすでに私の手からお薬団子を食べなくなったザビには、朝晩に後ろから抱っこで口をこじ開けて舌の奥に薬を置くという荒業をしている。私も慣れてきたものの、ザビも「飲み込むものか！」と口から薬を吹き出すことが多い。するとまた一からやり直し。濡れた錠剤は指にくっ付き、入れ難く、回数が重なるという悪循環。よってザビは私の膝で眠ることがなくなった。彼にとって私は今は怖いお姉さんになってしまっただろう。

　一方、ひなこは錠剤がウェットフードに包まれていたら、苦かろうが問題なく食べてくれる。そのため関係は良好。しかし、この目の治療で

関係が一転した。抗生物質の軟膏を入れられるのをとても嫌う（そりゃそうだ）。上手くいくならまだしも、失敗する方が多い。その度に私の手の届かないところに避難して『にゃんでこんなことするのっ！』とベタベタになった瞼で私を見つめる。ひんちゃん、おねえさんはこんなこと好きでやっているわけではないよ。ひなこのためだからね。嫌われてとにかく切ない私です。あーあ・・。

ひなこ抗ガン剤治療と薬を減らす方向へ　2009-04-11 15:21:08

先週抗ガン剤治療を見送ったひなこの通院日。最後の抗ガン剤投与から三週。角膜上の異物も少し残ってはいるものの、抗生物質入りの軟膏でかなりキレイになった(嫌われた甲斐あり)。病院でも「ガン腫瘍ではなかったみたいだね」とニコリ。とりあえず白血球の値も落ち着き、異型リンパ球はひとつも無いと言う。リンパ腫が落ち着いている！　なんとも嬉しい知らせだった。今日は発熱もなく久しぶりの抗ガン剤治療となる。先生は「この後どうしましょうかね〜」と、自宅でのステロイドと抗生物質投与をどう続行するか考えていた。全てやめるとまた目に異物ができる可能性も高く、かといって不要な薬を続けるのも好ましくない。結果としてステロイド剤だけ二週間は続行となった。

今日の待合室で隣に座った奥様の猫は血統証付きの大きなメスで、十三歳だと話していた。ひなこはやっと一才一ヶ月。『十三歳まで一緒に居られるなんて羨ましいなぁ』と思いながら、キャリーのドアからそっと手をいれ、ひなこをナデナデしていた。

薬の服用

2009-04-12 23:48:31

抗ガン剤を入れた翌日、案の定治まっていたひなこの左目の異物は再発した。原因がヘルペスやクラミジア等の感染の場合、抗ガン剤が悪化させると言っていたので、その通りの展開になりショックを受けていた。ステロイド剤半錠だけでは感染は抑え切れないのだろう。自宅で再び抗生物質の軟膏を入れた。「治療中はある程度何かは出るよね」と、命を救う為には部分的に悪化する箇所が出るのは仕方ないことだと先生は言っていたが、今朝ひなこの目を見た時は悲しみが大きかった。

「ボクもたまには甘えさせてよ」とぴょんが膝の上に来て眠り始めた。落ち込んだり色々考えたりと心が疲れていた私に、ぴょんのグルグルは大きな癒しだった。すぐに意識を持っていかれて、一緒にウトウトとした。少しの時間でもぴょんに甘えることが出来て幸せだった。

おいらニャッキ

ひなことザビは真っ白なのに、おいらは真っ黒。きっと父ちゃんが違うんだ。母ちゃんは小柄なギャルでモテたからな。毛質も匂いもあいつらと全然違う。あいつらは仲いいけど、おいらはちっちゃい頃から一匹狼。というかみんなに逃げられてんだよな。ぴょん伯父さんが大好きなのに、伯父さんはマジでつれない。近くで腹見せてひっくり返ってるの威嚇して顔にパンチ寸前だもんな。遊んで欲しいのに構って貰えない。おいらは人の食ってるご飯も頭突きして一緒に食うし、誰か寝てたら起こしてあげて遊ぶの誘うし、オモチャで遊んでたら奪ってお手本見せてあげるのにさ！　何だかひなこもザビもガンって病気で大変みたいだけど、おいらはまだ何ともない。あいつらが走り回らなくなったから、おいらだけ家中駆け回ってる。ねえさんは「具合悪くなったら教えてよ」っていつも言って来る。そんなのわかんないよ。だからおいらは、明日も楽しく遊ぶんだもんね〜っと。

ついに来たか・・。

2009-04-17 22:54:20

「動物にも空気を読めない子がいるんだ」って笑ってしまうほど自由奔放なニャッキなのだけど、活発な若いオス猫だから、伯父ちゃん猫のぴょんにも取っ組み合いを挑む。ぴょんの悲痛な叫びが私の耳に届く度に「こら！　ニャッキ〜！」と叱る。治療中のひなことザビにも気兼ねせず、彼らの周りを走り回っている。「なんだかんだニャッキはずっと元気なんじゃないかなぁ」と家族で笑っていた。

それが今日の通院で、ニャッキが悪性リンパ腫を発症したと判明した。昨夜から、呼吸の度に尋常でないお腹の膨らみが見て取れたので確信していた。とにかく早く病院に連れて行かないと。焦る気持ちで朝を迎えた。

実際、ニャッキはひなこ達と同様の発症どころではなく、血液検査でリンパ腫が物凄い勢いで白血球を破壊していることが判った。黄疸まで出ていて、この状態では抗ガン剤を入れられないという。数日ステロイドと抗生物質の投与をし、黄疸の数値次第で週明けに抗ガン剤治療に進めるかどうからしい。また、黄疸が出ていたとしてもガンを抑えるために七割五分の分量で強行投与するが、大きな効果は期待出来ないらしい。ひなこもザビもどんなに具合が悪くても黄疸が出たことはなかった。『何かおかしいかも』と私が感じてからたった三日。一昨日まで家中を走り回っていたニャッキなのに。

レントゲンと血液検査の結果を目にして考える先生の表情が目に焼きついていた。ニャッキのガンの進行の早さと治療の難しさが一瞬にして読み取れた。以前聞いた「最初の抗ガン剤で命を落とす子もいる」という話を思い出してしまう。ニャッキに限ってそんなことはあるものかと打ち消す。もう食欲も無くなり、いつも私の足元で一緒に寝ていたニャッキなのに、今は一人リビングのテーブル下で病と闘っている。老齢のぴょんを守るばかりにニャッキには厳しく叱ったことが悔やまれる。病院では不安で仕方なく可愛い声で鳴き続けたニャッキ。空気読まないニャッキだけど、この家では「憎まれっ子はばかる」でいいから、またやんちゃに走り回って欲しい。神様、もう一度ニャッキと一緒に楽しく過ごす時間を与えて下さい。

ニャッキ、薬が効いてプチ探検へ

2009-04-18 22:57:05

朝五時。「ナー！」といういつもの甲高い声がして飛び起きた。昨晩は治療後の倦怠感によりテーブル下で一人寝をしたニャッキ。夜中に私のベッドまで来て、いつも通り足元で丸くなった。そしていつもの朝と同じく、「ナー！」と人の耳元でご飯を催促したのだ。

嬉しい〜。食欲復活だ！　慌ててフードを出すと、カリコリと食べ始める。昨日まで肩で息をしていたニャッキだったが、ステロイドの効果で胸の腫瘍が小さくなったんだろう。呼吸もし易くなり楽になったみたいだ。大好きな鳥のさえずりを聞きながら日光浴出来るように、リビングの窓を開けて換気する。ひと息ついてまたベッドに戻り『薬が効いて抗ガン剤治療に進めるといいなぁ』とウトウトしていたら家族が部屋に来て言った。「仔猫達いないみたいだけど。網戸開いてるし」。

「えええー！」。驚いて飛び起きる。ひなこ達三姉弟は完全室内飼い猫だから外の世界を知らない。パジャマにサンダルをつっかけ、玄関から飛び出すと、すぐ近くに居たザビがその音に驚き、慌てて玄関先から猛ダッシュで帰って来た。『ええ！　ホントに出てる！』と、唖然とする間もないまま、今度は塀の上のニャッキの姿が目に飛び込む。私を見て「ナーオ！　ナーオ！」と大きな黒目で鳴いている。そりゃ初めてのオンモは刺激的だろう。「ニャッキ！　おいで！」と叫ぶと、名犬ラッシーばりに駆けて来たので玄関を開いて中へ誘導。その間、母猫のハナは私の足元で『あたちの子供達、初めてのオンモだけど大丈夫かしら？』と右往左往してる。『なるほど。ハナが網戸を開けて仔猫が追随したのか！』と納得するも、ひなこの姿がない。ぐるりと見回すとやけにリラックスしたひなこが遠くの塀の上で寛いでいる。肝が据わっているというかなんと言うか。ひなこも家に追い立てて玄関を閉めてひと安心。一匹ずつ身体と肉球を暖かい濡れタオルで拭いて、脱力感一杯になった。

その日はザビの通院予定日であったので休むことなく獣医さんへ。ザビは寛解を得ているらしく、随分と調子も良い様子。予定通り隔週での抗ガン剤注射投与が進められる。ニャッキの経過も聞かれたので、夜中は呼吸が苦しそうだったけれど、薬が効いたのか朝は三匹で脱走しましたと伝えると苦笑しつつ元気な様子に安心される。それにしても、おかしな話だがニャッキが表に探検に出たことは嬉しかった。それ位の体力がまだあるのだと喜びもあった。脱走後のニャッキは終日大人しく寝ていたが、食欲も戻ったので好きなものを食べさせた。彼は自分の身体に何が起きているか判らず戸惑っているように思える。頑張ってよ、ニャッキ！

ポニー走りのひなこちゃん　2009-04-20 00:00:49

いやはや、驚いた。夜、近くまで外出して戻ると、家の前の細い路地を白い塊が斜めにギャロップしながら横断していた。『えええええ?･』と目を凝らして見ると、それはうちのひなこ。塀の上でリラックスしているとかではなくて、道を走り回っている。しかも、とても楽しそうに「にゃははは！」と笑いながら（少なくとも私にはそう見えた）。

「オウ、マイガー・・」と青くなっていると、もう一個の白い塊が跳んできた。もちろんザビ。彼はあたしを見るなり「ヤバイッ！」という顔をして家に駆けて行った。ニャッキも出てるであろうと確信し、「ニャッキー！ニャッキー！」と呼ぶと、「ハイヨ～ッ！」っとばかり真っ黒な塊もすっ飛んで来た。あーあ、またしても三匹共謀して脱走。帰宅して「ちょっとぉ〜！　猫達が外で走り回ってたよぉ！」と家族に文句を言うと、「え〜？　ホントぉ？　いったいどこから・・あっ！」と、リビングの窓が十センチ程開いているのを発見する。

そんな中、私の中に不思議な気持ちが芽生えていた。今まであんなに楽しそうなひなこを見たことがなかったのである。軽快に斜めギャロップをして、好き放題走り回るひなこを。ガンが発覚してからは特に、走るも戯れるもせずに大人しい猫でいたひなこだから、楽しそうなひなこをまた見ることが出来て幸せだった。治療した甲斐あったなぁ（泣）、と思わずジーンと来てしまう。それにしても、ひなこたちはまだ一才。人間の年齢でいうと高校生。やっぱり若者には刺激が必要なんだろうね。

ニャッキも引き続き呼吸が荒いものの、「ねーさん、おいら楽しい思いをしたよ」って顔で、私に抱きかかえられて大人しく肉球を拭かれていた。なんだか彼らを見ていて私の心は微妙。猫にとっては完全室内飼いが良いとは言われているけど、やっぱり彼らだって表に出て色々見て回りたいんだね。土の匂いとか草花の匂いとか色々嗅ぎ回って、たまには自分の限界のスピードでダッシュしたり、狩りをしたいのかもしれない。家の中にいれば長生きは約束されているけれど、生き物としては退屈しちゃうよね。いつの日か田舎に思いっ切り走り回れるフィールド付きの家を建ててあげたい。なーんてことをニャッキを腕に考えていた。

ニャッキ抗ガン剤投与第一回目

2009-04-21 23:07:37

自宅での私はまるでストーカーのようにニャッキについて回る。トイレに行けば、遠巻きに見守り、終了するとダッシュでオシッコ玉を確認する。色は無色に近い。よしよし、黄疸はそれほどヒドくないようだぞと安心する。黒猫は見かけから黄疸が出ているかが判りにくい。「ちょっとゴメンなすって」と言って瞼をあげて白目が黄色くなっていないか見たりするが、容易ではない。白猫達のように鼻先の赤さとか、瞼の下に皺が入ったとか変化が見て取れれば楽なのに、と思う。

今日は有休申請をしてニャッキの初めての抗ガン剤治療に向かった。三日前の採血から黄疸値も然程変わりないだろうとの推測で、抗ガン剤量は八掛けで進められた。抗ガン剤の投与量は体表面積から計算されるらしく、八掛けと言っても超微量の違いだそうだ。先の二匹とは違い、治療後のニャッキは昼間ぐったりと寝ているだけだったが、食欲は落ちずにいた。夜中は元気にナオナオと鳴いて家中を歩き回っている。ウンチをしたので確認に行くと、軟便ではあるもののザビのように下痢はしていなかった。

ニャッキ頑張れ！　みんなも乗り越えて、今は元気なんだから、君も元気になれるっ！

会えないつらさ五日分

2009-04-24 01:23:14

こんばんは。ニャッキは病気になってからとても弱気な猫になりました。飼い主としては可愛らしい猫になったと言えます。いつも私の傍に居たがり、くっ付いてウトウトしていますが、訳もなくだるい自分の状態に混乱している様子も見て取れます。私が仕事から帰宅すると、今ではニャッキが我先にと玄関でお出迎えをしてくれます。愛しくて溜まりません。

先日、猫にとって飼い主と日中会えないということはどれくらい寂しいことか人間の時間に置き換えて考えてみました。人の寿命を七十五歳位、猫を十五歳位とした場合、大体五掛けです。人間の寿命で考えると「いってらっしゃーい」と朝出て行った人が五日後に「ただいまー」と戻ってくる感じです。それは寂しい。玄関で出迎えるわけだ。単にお腹が空いているだけかもしれないけれど(笑)。

極力早めに帰宅して人間五日分を待ってくれていた猫の彼らに、愛の溢れるただいまをしたい。ペットと暮らせる時間って自分の人生の中でもとても限られた時間。どう関わったか。どう一緒に生きたか。この先、記憶にずっと残り続ける彼らと共有した時間だから、小さい命に丁寧に向き合いたいと改めて思いました。

寿命

2009-04-26 23:57:05

今日先生に聞いてみた。彼らの寿命はあとどれくらいあるのかと思って。治療を始めた時点でどれ位ガンが進んでいるかにも依るけれど、一般的には一年位、長く生きる子で三、四年と言う。以前、記事で読んだの情報と同じだった。一年で死んでしまったら本当にあっという間だ。『そうか、やっぱり確実に若くして死んでしまう子達なのだ』と再認識してしまった。最初に猫白血病ウィルスが陽性だと聞いた時には、事の重大さはすぐに判ったけれど、一緒に居られる時間のことまで深く考えられなかった。まず治療に専念することで向き合うのを避けていたのもしれない。この子達が次々と居なくなるということはどういうことなのかを。

猫は死を意識したときに、人目に触れないような場所に入り込んでしまうから、調子が本当に悪くなっているようなら押入れの中で快適に過ごせるよう用意してあげなくてはいけない。本当は私が抱っこしながら看取ってあげたいけれど、病気と闘っているのは当人達だから。私の傍でも押入れでも、最後は自分で場所を選ばせよう。万が一どこも落ち着けないのは申し訳ないから。

大変なことになってしまった

2009-04-30 16:06:01

昨夜、自宅で親族パーティーをして、久しぶりに猫の看病忘れて楽しい時間を過ごした。途中、寝室にいる猫達を確認し、各々ベッドでゆっくり寝ていたので安心して宴に戻ったものの、酔っ払って眠る前にもう一度猫達を確認することはしなかった。

今朝、「大変だ！」という家族の声に起こされ、腕枕で眠るぴょんを置いてベッドを飛び出すと、「外から窓ガラスを引っ掻く音で目が覚めて、カーテンを開けたらザビだった！　ひなこもすぐ近くにいた！」と言う。訳が判らずにいると、「昨晩パーティー中に恐らくハナが窓を開けて、ハナに追随して三匹も出て行って、猫が表にいることに気付かずに、寝る前に戸締りをしたんだと思う。猫を一晩中締め出しちゃっていたみたい」と説明を受ける。頭が真っ白になる。

夕方になっても、まだニャッキだけが戻らない。朝六時からひたすら近所を探して歩き回ったけれど見つからない。市内の獣医さんや市役所、保健所に問い合わせても手掛かりがない。朝の薬も服用しなければならないし、リンパ腫で体力もないのに・・。あーどうしよう。

ニャッキ捜索の一部始終

2009-05-01 22:23:17

お騒がせしましたが、ニャッキは先ほど戻りました。

捜索中は、近所に百五十枚のビラを配り情報提供を募りましたが、ご連絡を頂いた猫はニャッキではなく、それ以上は情報がありませんでした。居なくなったと判明した朝六時には近く居るはずだと気持ちを強く持っていましたが、流石に夕方近くになると、薬と食事を与えてないことや病気が進行しているかもしれないことに不安が募り、後悔と悲しみと申し訳なさが入り混じり、メソメソしていました。感情が溢れ出て抑え切れなかったです。

近隣の野良猫と鉢合わせて、走って逃げて家の場所が分からずにジッとしているのかもしれない。車にはねられて怪我をして休んでいるのかもしれない。でも血痕はどこにもない。ザビとひなこが慌てて帰って来た際に近所で多くのカラスの鳴き声がしていたから、ニャッキが襲われていたのではないか。けれども、そもそもカラスはあの重さの猫を鷲づかみにして飛べるのかしら？　もう頭の中は相当混乱していました。

ニャッキの名を呼び、カリカリの音をさせて立ち尽くし、タオルを片手に時折こぼれ出る涙を拭き、河川に落ちていないか、植え込みの下も、軒下も、車の下も、車庫の脇も、草むらも、木の上も、室外機の裏も、猫が入れそうな場所は全て探しました。夜は出て行ったリビングの窓際に布団を敷いて、いつ帰ってきても判るよう窓に網戸をして寝ました。早朝の新聞配達の音で目覚めて「なぜ帰って来ないのだろう」と落ち込み、また探しに出掛けました。昼前に、小さな青いアゲハ蝶が私の周りをヒラヒラと舞って遠く空へ飛んで行き、霊魂は蝶や蜘蛛などの虫に乗ってメッセージを伝えに来ると聞いたことを思い出し、ニャッキが「もう僕はこの世にいないんだよ〜」と蝶に乗ってやって来たのかと勘ぐって、その場にへなへなと座り込んでしまいました。極限の状態に追い込まれると思考回路もおかしくなるのを実感しました。健康な猫ならここまで心配しないものの、ガン闘病中のニャッキです。流した涙の量も尋常ではなく、家族は「ニャッキは冒険したくてて出て行ったんだから仕方がない。ニャッキの意志だから」と慰めてくれましたが、私には「仕方ない」と折合いが付けられず、心はどん底まで落ちていきました。でも、今度は訳の分からぬ怒りに駆られていくのを感じたんです。

何故か急に「ニャッキはまだ生きている」と確信しました。いくら外に一度しか出たことの無いニャッキでも、車通りの少ないこの住宅地で命を落とすほうが困難だ、と。すると「まったく！ニャッキはお馬鹿にゃんだから、好奇心に任せて帰り道も確認せずどんどん進んでいったに違いないっ！空気も読めなきゃ方向も読めないのかっ！」という無茶苦茶な気持ちが現れました。悲しい気持ちが底を突き、浮き上らざるを得なかったのだと思います。

私達人間の夕飯時間になったので、捜索を中断し彼の好物のツナウェットフードを軽くチンして匂いを立たせ、玄関先に置いたままにしておきました。すると、五分も経たないうちに、ガタンと音がしました。慌てて見に行くと、近所のボス猫アモーちゃんがご飯の匂いに引き寄せられて来ていました。『野良ちゃんを引き寄せただけだったか』と思った瞬間、アモーが私の死角のドア裏にいる何かに見入っていることに気付きました。ドアを開けて確認すると、そこにはニャッキがいました！

慌ててニャッキを抱き上げて家の中に駆け込み、「ニャッキが帰ってきたあー！」と叫ぶと皆から一斉に安堵の声が上がります。黒猫なのでどれだけ汚れたのかは見て取れませんが、外傷もなく元気で、首輪もついたまま。暖かい濡れタオルで身体を拭き拭きホッとして、大好物のフードを出すと物凄い勢いで食べ進めます。喜ぶのもつかの間、熱がかなり高いことが判りました。やはりガンを持つ身体に冒険はきつかったのでしょう。二日間水が飲めなかったのか何度も水を飲みに行き、次第に熱も下がって来たようでした。

戻った翌日には一日入院で抗ガン剤治療が予定されていました。獣医さんに脱走の件を話し、血液結果次第で進めることとなりましたが、黄疸が出ていたため、投与量を七割五分に減らしての抗ガン剤治療が為されました。今、ニャッキは私の右足を枕に脱走前と同じくゆっくりと眠っています。まるで何も無かったかのような光景です。

はじめまして。**あたしはヤンママ猫ハナです**。仔猫たちを産んだのはあたし。野良猫としてここら辺に流れ着いたんだけど、毎晩お散歩に出てくるぴょんちゃんの後をついて歩くのが日々の楽しみだったの。おばあちゃまがあたしを「ちいさいのに可哀相にね」って気に掛けてくれて。冬に向けて暖かく住めるようにってねえさんに頼んで玄関先にダンボールハウスを用意してくれたの。ある日、ねえさんにひょいっと捕まえられて、お医者さんに連れて行かれて、お腹に赤ちゃんがいることがばれちゃった！　でも、それからはぴょんちゃんのいる暖かいおうちの中に入って、春にはお産もさせて貰ったわ。あたし、人間に対する警戒心は解けないし、たまに猫パンチしちゃうけど、ぴょんちゃんがこの家の人といい関係だったから真似するわ。今は子供達も一緒に育てて貰っているの。もう好きな時にご飯も食べられるし、幸せに暮らせてるのよ。

ハナもいつかは　2009-05-04 22:41:45

とても残念なことだけど、母猫ハナも恐らく発症する。ハナには抗ガン剤治療はしない予定です。そう決心するのにはかなりの時間を要しました。ハナにだけ抗ガン剤治療を与えないのは気が引けます。本当にそれが最善か判らないし、本当にツラそうにしていたら獣医さんに駆け込むかもしれない。でも、ハナは「自由な猫」で、最初に外で会った時には右から左へ駆けまわり、蝶を追い、草を食み、上へ下へと本当に楽しそうにしていました。他の野良ちゃん達とも関係が良く、あんな自由な姿を見てしまったらケージに閉じ込めて抗ガン剤を与えるのは、ハナを冒涜する行為に感じてしまう。ハナはハナが与えられた命を充分に楽しんで生きているし、籠の中の鳥のようには命を長らえたくないだろうと勝手に思えてしまうのです。

また、病院嫌いであるため一度通院すると数日触れることが出来ません。病院に行きたくないがために家出を繰り返すかもしれず、投与のスケジュールが決められている抗ガン剤治療は困難だと判断しました。積極的な治療はしないものの、明日は獣医さんに連れて行きます。リンパ腫だと判明した折には、家で対症療法を出来るように先生に相談して薬を処方して貰えるようにするためです。ステロイドである程度は病気の進行は遅く出来るはずだし、ツラい状態も軽減させてあげれるかもしれない。本当にそれでいいのかな。でも、ハナは無理矢理治療すると出て行っちゃうよね。太く、短く、ハナらしく。それがいいよね、ハナちゃん。

ハナの治療について

2009-05-05 23:41:21

ハナは避妊手術の際は鳴かなかったのに、今日は病院へ向かう車で「にゃお。にゃお」と心細そうに鳴き続けた。人との距離が近くなって甘えることが出来るようになったのだと思う。レントゲンで腫瘍は確認されなかったが、血液検査でリンパ球が急増している状態で、もう発症まで長くはないと知った。時間をおいて腫瘍の確認が取れてから治療に入りましょうと話が進んだ。

ハナには抗ガン剤治療をするつもりがないとは言い出せず、「この子を毎週同じ時間に連れてくる自信がないのですが」と切り出すと、通院が難しい子には点滴投与の抗ガン剤を三週毎に入れる、粉薬の抗ガン剤を病院で三週ごとに飲ませる、またはその抗ガン剤を家で飲ませるかという治療法があると伺った。一切の抗ガン剤治療はせず、ステロイド剤だけに頼ることを考えていた私だったが、いつ気が変わるか判らない。情報は有難かった。ただ、その薬の効果は三ヶ月しかないと知り、リアルな数字にショックを受けた。ハナの発症が確実に確認された時点で、また方法を考えようかと思う。

治療の春

2009-05-10 00:46:06

五月はワンちゃん達には大事な狂犬病やフィラリアの予防接種の時期。十五分遅く到着しただけで、既に多くのワンちゃんが順番待ちをしていた。この時期気を遣うのは、猫達が普段接触のないワンちゃ

ん達の姿に興奮して、待ち時間中に発熱してしまうこと。熱があれば抗ガン剤投与は見送られるので、獣医さん側からひなことニャッキは車で待機するようにと声を掛けられた。検査結果で二匹の経過は、ひなこは「すこぶる良好」、ニャッキも「経過良し」と嬉しいばかり。先週ニャッキには黄疸が出ていたが、先生は迷った挙句、低用量で抗ガン剤を使った。「あそこで躊躇して薬を入れないと、今週あたりもっと悪化する可能性もあったからね」と、さすがにプロだなあと思う。

最近良く「治療してよかったね～」と口にする。ひなことザビは見違えるほどに元気になり、ソファの上からテレビに飛び乗ったり家中を追いかけ合ったり、鳥にキキキと威嚇し、二匹でお団子状態で取っ組み合いをして、モリモリとご飯を食べている。やっぱり見ていて嬉しい。この子達があとどれ位生きられるのか判らないけど、生き生きとして毎日過ごしている様子を見ることがまた出来て、飼い主として冥利につきる。

一方、発症が遅かったニャッキは、二匹に遅れて治療をしているが、走り回る二匹見て羨ましそう。嘗て自分も治療中の二匹の回りを走り回っていたので、今になってその不快さに絶句しているに違いない。ニャッキは発病するまで毛艶もピカピカで絵に描いたような黒猫だったが、抗ガン剤治療を始めたら毛がバサバサになった。小さな頃のニャッキは鼻がごつくヤケに男っぽかった。それが、最近は小顔のイケメンに変身。今も私にくっ付いて可愛い寝顔で寝ている。母が「この猫は『ワーン』って鳴くのね」と喜んでいる。そうなの。ちなみにザビは「メエー」って鳴くの。

子供に狩りを教えたいハナ

2009-05-16 23:50:50

今朝、家族の「ハナちゃんっ！やめなさいっ！」という悲鳴に似た声で飛び起きた。ハナ母さんが外で狩りをして獲物を咥えて戻り、そのまま家に入ろうとしたらしい。前回はねずみ。ハナは尻尾を最大限に膨らませ、家の中へ滑り込むと仔猫達のいる部屋まで低い姿勢でダッシュ。興奮している彼女に「ハナ〜。放してあげて〜」と話しかけると、ハナはポトリと口から獲物を落とす。自分の子供に狩りの成果を見せたいのか彼らを探してウロウロしている。可哀相にハナの咥えていたのは小さなスズメで、既に息絶えてしまっていた。首の刺し傷にはまだ鮮血が見て取れ、身体も温かい。「ああ…うちの猫がごめんなさい」と謝りながらスズメを土に埋めた。申し訳なさで一杯のなか、ザビとニャッキの通院時間になった。

ザビは治療効果が良く出て、気持ちが良いほど順調だと言われる。あと数回で抗ガン剤治療は一旦停止するかもしれない。体重は二週間で三百グラム増えたとのこと。ガリガリだったから「よし！」っと心でガッツポーズ。一方、ニャッキは高い数値ではないものの再び黄疸が出ていた。「ここで薬を入れないと黄疸値が上がりますから入れま

すよ」と言われ、抗ガン剤注射を受けた。ニャッキも早くザビのように良くなりますように。

祝♪　寛解の可能性～！

2009-05-22 23:59:36

ひなこの注射投与とニャッキの入院投与の日。ニャッキは留置されたばかりの点滴用の管もガジガジと噛み切る勢いで反抗し、エリザベスカラーを付けられて入院室へ移動されました。ニャッキも頑張って乗り切って欲しい。ひなこの方は血液検査をして貰うと、結果を目にした先生が渋い顔。『何なになに？』と不安になりましたが、白血球数が基準値最小の五千を割って三千二百と少なく、それが二週前も今週も続いているとのこと。白血球の中のリンパ球数が減少ということは、増殖する白血球を抑える治療の効果が出ている証拠でもあり、抗ガン剤を入れると更にリンパ球が減るので「今週は入れるのよしとこうかな」との一言。よって今週のひなこへの抗がん剤投与は見送りとなりました。

夕方ニャッキを迎えにいくと、先生がいきなり「ひなこは寛解しているのかもしれません」と仰った。「えー！　嬉しいっ！」と思わず叫んでしまう。先の二回の結果を見て、その可能性が高いと判断したよう。いや～、めでたい！　再発の可能性は付きまとうけれど、この一連の治療が意味を成したわけで、ねえさんは頑張ったひなこにパチパチと拍手喝采なのだ。

今はぴょんとひなこが私のベッドを占領しているけど、中国雑技団ばりの軟体であの隙間にフィットして添い寝したいと思います（笑）。

いきてこそ。

2009-05-24 23:50:05

小学校のクラス会があった。幼稚園が一緒だった人や二十五年振りに会う友人がいた。久々に楽しい時を過ごした。そんななか、ふと『生きてるからまたこうやって会うことが可能なんだな』と気付いた。いま闘病中の猫達が死んでいったら、どれほど空虚に感じるだろう。魂は近くにウロウロしていたとしても、やっぱり抱っこしてナデナデしたくなるだろう。

二十五年振りに会った友人達とはこの先も会う機会があるだろう。でも、猫が二十五年生きるのは難しい。凡そその半分。うちの若猫達は来年、再来年この世にいるのだろうか。楽しい宴の中、そんなことが頭を過っていた。

今朝ひなこの綺麗な青い目はまた赤くなっていた。過保護な飼い主である私は、事ある毎に獣医さんに駆け込んでしまう。連れて行けばどうにかなると信じている。でも、連れて行ってもどうにもならないという時が来る。ひなこ達の病気はその類だ。連れて行かない強さなどいつの日か持てるのだろうか。

ザビは治療が隔週になったら食が太くなった。もう見ることは出来ないかと諦めていた彼の雄雄しくなった姿は、地域の野良猫のドンであった彼の父親猫シロを彷彿させる。パワーもあり余り、ニャッキやひなこに戯れつき、最近はみんなから総スカンを喰らっている。

一日の終わりは「今日もありがとね」「大好きだよ」とポジティブな言葉を掛けながら一匹ずつ撫でることにしている。ポジティブな言葉を語りかけられた水は、結晶が綺麗になると聞いた。猫の体内の水分にも絶対違いが出るはずだと信じて、彼らの水をキラキラにしよう。

おいらは頑張るのだ

ニャッキです。今日もだるいけど、朝のカラスの鳴き声につられて窓辺に来ました。最近は、おねえちゃんがボクをよく恐いところにつれて行きます。たくさんの人に囲まれて、押さえられて、足がチクリとしたり、ボクの血の匂いがしたりします。だから、朝はこわいです。いつおねえちゃんがボクを連れて行くか判らないから。

前はひなちゃんが、その後はザビちゃん、いまはボク。いつもそこから帰ると、身体がグッタリと重いのです。みんなは前みたいに走り回ってる。ボクも遊びたいけど、なんだかとてもムリ。早く元気になって走り回りたいです。

あたり前のありがたみ

2009-06-02 20:14:49

夜中に起きる。右にはぴょん、左にはニャッキ、足元にザビ、頭上のベッドにひなこ、その横にはハナ。幸せ。誰かのグルグルが部屋の壁にぶつかり、優しく響いて、穏やかな雰囲気にまったりとしながら、またウトウトと眠りに入る。自分まで猫になったみたいだ。飼い猫五匹のうち、四匹はいずれガンになると告げられたあの日から、私の中では悲しい未来へのカウントダウンが始まっていたが、当人達は不本意だったろうね。まるで「そんなに早く死なないよ」って感じに次々に元気になってくれている。走り回り、私の指に齧りつくほど食欲があったり、脱走したり、痙攣するほど深く眠れたり。いつの間にか病気だなんて忘れてしまうほど彼らは元気になった。今はガンになる前に描いていた未来の姿を手に入れることが出来て、何だかどこか不思議な気分。

先週日曜、三匹まとめて病院に連れて行った際に、先生がしげしげと彼らを眺めて言った。「停滞する腫瘍が出てくるんですけどね・・。成績はこんなに良くないんですよ、普通は」と。もちろん嬉しかったけれど、同時に怖くもなる。知らないということは幸せなことなのかもしれない。そうか、やっぱり致命的な病気に罹っているのだし、経過が悪い可能性だって高かったのだろう、と。命は期限付きだものね。それは私の命だって同じ。命あるうちはどう生きるかってことなんだね。長さで悲嘆しちゃ駄目だね。

深夜二時に目が覚めてハナがいないことに気付いた。家族が夜に洗濯物を取り込んだ際にまた足元をすり抜けて行ったのでしょう。ハナが夜中に表に出ていても心配しないけれど、家でゆっくり寝せてあげたい。道に出て小声で「ハナ〜、ハナ〜」と呼びかけると、斜め前の家の玄関先からゴムまりのようにハナが弾み出て来た。素直に抱っこされて家まで戻る。あなたは急いで発症しないでね。

いのち

2009-06-1523:36:42

最近、命についてよく考える私です。先月、知人の愛猫が亡くなった。ひなこ達と同じ病気と闘っていたので他人事とは思えません。五匹の猫と暮らす中で、人間の価値観できつい治療を進めていることに対し、自分の決断にも自信がなくなって来て、考えて込んでしまう時期がありました。でも、ここ数日、治療の甲斐もあり再び元気に走り回る姿を見ると、進めて来て良かったと思えるようになりました。飼い主がしっかり考えて向き合って決めた治療法なら、それが正解なんだろうという考えに行き着きました。

猫の命は短くて、いずれ悲しい思いをするのは予定されたこと。でも、彼らの死後に山のような悲しみに埋もれても、生前には空を突き抜けるほどの喜びを与えてくれた存在だったではないかと、それを思い出せば悲しみに振り回されずに済むのではないか。そう考えました。知人の猫の死に落ち込んでいたところ、ぴょんが寄り添って頬を舐めてくれました。彼の方が私の保護者のようです。

問題はザビですに「！」

2009-06-27 22:17:08

今日の通院はひと月ぶりのひなこと二週間ぶりのザビ。体重測定ではひなこ五・二キロ、ザビ四・八キロ。検査結果を待つ間、ザビが「ンゥ〜！　ンゥ〜！」と不満そうに鳴き、「ボク頭来てますよ」的な声で待合室の人にも笑われます。

ひなこは順調で寛解継続。中性脂肪と腎臓の数値が少し高めのため、経過を見る必要はあるけれど、次の通院もひと月後で大丈夫と言われます。腎臓と言われ不安に感じていたら、「猫は暑くなると水分が足りなくなるから、それが原因だと思うけれど」と先生が仰り、ひと安心しました。

続けて先生は「問題はザビです」と渋い顔をしました。「これじゃ今日は抗がん剤打てないな」と言うので、「まさか黄疸とか」と凍りついたら、「いや、その逆。寛解に近いんだよ、打つ必要がない」と笑顔。『ええ〜！回復してるってこと？』と大喜び。次の検査は二週間後だと告げられました。状態が良かったら、ひなこと同様に月一回の診察に変わるそう。神様ありがとう！なんという幸せ！

あとはニャッキ。ニャッキは今週の診察は見送りだったから来週だ。いまひとつ元気さに欠けてるから、応援団長のねえちゃんとしては、君にフレーフレーだっ！

ニャッキ水溜まる

2009-06-29 09:55:03

月曜朝。いまは通勤電車。ニャッキは今朝、急遽入院となりました。朝ご飯をあげた後に呼吸がおかしいと不安に思い、病院へ連れて行ったら胸に水が溜まっているとのことです。利尿剤で排出する方法もあるけれど、胸水の色により今後の治療も決まるので針を刺して抜くことになりました。鎮静を掛けて処置するためにニャッキを預けて仕事に向かっています。

不安に吐き気がします。この週末は初めて無治療で一週置いて、先々週の検査結果では、ガン治療は良好。今日の血液も見たところ問題はない。不運にも、まさか無治療にした一週間で胸水が溜まるとは。ああ、ショック・・。とにかく先生と看護師さんにニャッキを託して私は働いてきます。経過が良ければ今日夕方お迎え。ああ、頑張って、ニャッキ！

ニャッキの胸水は「乳び」

2009-06-30 12:54:44

仕事を早めに切り上げてニャッキを迎えに行くと、胸に溜まっていた水は「乳び」と呼ばれるもので、「乳び胸（にゅうびきょう）」という病気のようでした。乳び胸はリンパ節が損傷してリンパ液が漏れ出て胸に溜まり、呼吸の際に肺が膨らみ難くなり、呼吸困難を引き起こすものらしいです。交通事故や高いところから落ちるなど胸腔に外傷を受けた場合に多く見られ、ニャッキの場合は抗ガン剤の投与によりリンパ管が脆くなり、体内のどこかで裂けてしまい、そこからリンパ液が漏れ出ている可能性が考えられました。

「これが出ました」と、太いシリンジの中の薄く白濁した液体を見せてくれました。「これが限界。これ以上抜こうとすると危ないから」と仰り、小さなニャッキの身体から七十ミリリットルも抜けたと聞きました。抜去後には体重が三百グラム変わったそうです。次に溜まるのはどれ位の期間を要するのか、また次の抜去の結果も同じ乳びであるのかを確認するため、呼吸が苦しそうになったらまた通院です。明後日は休診日なので不安な旨を口にすると、「すぐにどうこうなることはないから大丈夫」と言われました。看護師さんの話ではニャッキは入院ケージの中でおしっこをしてしまい、自分の尿の上に縮こまったまま、私の迎えまで動かなかったそうです。猫は自分の排泄物とその匂いをきれいに隠す習性があることを考えると、相当ストレスだったろうと思います。

帰宅後も尿臭がしていたので、全身を濡れタオルで拭いてあげるとリビングで濡れた被毛の毛繕いを始めたニャッキに、ひなことザビが駆け寄り手伝い始めました。微かに残った匂いも姉兄らは感じ取ったのだと思います。

ニャッキを残して仕事に行くのは不安。ニャッキは病院嫌いだから、胸水を抜くたびに通院するのは酷です。声を掛けながら撫でていると喉を鳴らして身を寄せてきます。どれだけ不安なことだろうか。代わってあげたい。

夜中に起こしに来たニャッキちゃん、ねえ、君は大丈夫なの？

抗ガン剤治療と胸水

2009-07-02 21:03:30

三日経ち、胸水の溜まり具合が心配になってニャッキを病院へ連れて行った。エコーで見るとまだそこまでは溜まっていない。先生が医学書を手に、乳びとリンパ腫由来の胸水の色の違いを見せてくれる。濃い目のカルピスとポカリスエット位の違いで、リンパ腫由来だとより透明色に近い。

「乳びならあっという間に溜まっちゃうんだよね」という言葉に不安を感じ、明日は通院出来ないと伝えると、片側だけでも抜いてみようかと抜去が進められることになった。診察室があれよあれよと手術室の顔に変わり、天井からのスポットライトがニャッキに当たり、看護師さん達も言葉少なに手際良く処置の用意を始める。エリザベスカラーを付けられ不安そうに私を見上げるニャッキに「大丈夫だよ、いい子だね」と声を掛け、いつもと違う空気にこちらも緊張しつつ邪魔しないように見ていた。看護師さん二人がニャッキを横倒しにして手足を保定し、先生がエコーで針を射す位置を見極め、ニャッキの黒い被毛の上から針を射す。麻酔なしで直接挿すことに感心していると、注射針を通しカルピス色の液体がシリンダーへ入ってきた。先生はちょっと間を置いて「乳びだね」と言い、しばらくして針を抜いた。

沈黙があり、先生は困った様子でもう一度「乳びか」と言った。「難しいんだよね」と完治の手段がないことに触れ、「とにかく溜まったら抜いていきましょう」と二日後の治療では乳びを抜いた後に抗ガン剤を入れる旨を告げられた。

病気な甘えん坊たち

2009-07-03 23:48:17

ぴょんが吐く音で目が覚める。午前三時。フローリングの廊下に広がった黒緑色の液体を、眠さにフラつきながら片付けて、そのままぴょんが向かった暗いリビングへ行った。ぴょんはリビングで伏せていて、か細く鳴きナオと鳴き、人を見上げている。

「気持ち悪かったの？　可哀相に」と隣に横たわると冷えたシルクの絨毯が気持ちいい。そのままじっとしてたらぴょんが私の上半身に乗ってきた。四本足に掛かる重さが眠たい身体にはきつい。ぴょんはそのまま私の胸に伏せてウトウトとし始めた。『吐くと心細いのかしら』とそのままにしていたら、こちらも寝てしまった。肩辺りが寒くなり、起きると小一時間経っている。吐いたら脱水するから、ぴょんに水を飲ませてから寝ようと、少しフードを出した。フードを食べたらこちらの思惑通り水も飲み出す。象が飲むくらい長く飲んだ。そのままぴょんは自分の寝床に移動した。

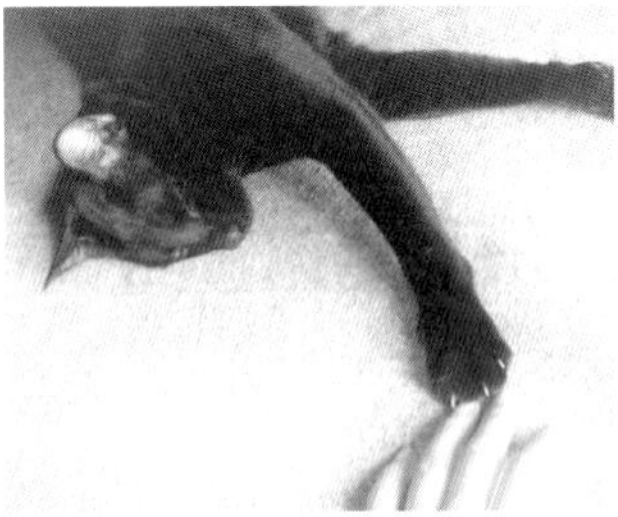

もう一匹心細い子が寄り添ってきた。ニャッキだった。起き出して私に付いて回る。一緒にベッドに戻り、ぴったりくっ付かれて寝返りもままならない。でも、愛しいその様子にそのまま朝まで眠ることにした。朝は目覚めた私に気付いたニャッキが横でグルグルと喉を鳴らす。

「明日はまた病院だよ。あまり負担にならなきゃいいけれど」と少し薄毛になった気のするニャッキの頭を撫でて言う。

乳びと胸水　2009-07-04 23:56:37

朝一でニャッキを預けて病院を後にした。鳴き叫ぶニャッキを見ていて、我々がＵＦＯに乗せられ、宇宙に連れて行かれるのと同じ位怖いのかもしれないと思う。自分が経験したことのない早さの乗り物、囲まれて上から見つめる多くの人間、監禁。自分の身体に何をされているのか判らぬ恐怖。

今日は胸水の色を見た上で治療法を決めると言われていた。また白色の「乳び」ならば、胸水全てを抜去して比較的弱い抗ガン剤を注射投与。透明な「リンパ腫由来の胸水」ならば、ある程度の抜去後に強い抗ガン剤を点滴投与。だが、それは悪化する危険性を孕むと言われていた。「悪化するかも」と聞いた途端、不安になったけれど放っておく訳にはいかない状態。夕方電話を入れると、胸水は「乳び」だったので、注射で抗ガン剤を入れたと聞いた。「乳び胸」が確定なら、引き続き通院が繰り返される。ニャッキには今後も大きなストレスが掛かる。

頑張っているニャッキが帰って来たら、嫌がるくらいラブラブしてあげよう。そう思っていたのに、戻ったニャッキはすぐにクローゼットの中に入り込んで寝てしまった。全く食べないのに、大量の水は飲む。どうしてこんなに水分を欲するのだろう。水分が取り込めないのか。心配して眠りについたら、夜中にベッドの上に何かが飛び上がって来た。ニャッキだった。ぴょんを押しのけて私の腕枕を求め、上手く納まって寝てしまった。具合が悪いながらも甘えてくるところがなんとも愛しい。

神様、彼に穏やかな日々を与えてください。

通院の目安

2009-07-07 23:36:13

仕事から疲れて帰っても猫達が玄関で出迎えてくれて、端からバタンバタンと倒れてご機嫌にお腹を見せてくれると、疲れなんてどこかに行ってしまう。「君らは疲れ吸い取りスポンジみたいだねぇ〜」と一匹一匹抱っこをする。昨日はぴょんがトイレハイで部屋を走り回り、それを見たニャッキとザビが喜んで追随して、メンズ三匹運動会状態になった。久々にみんな元気で嬉しい。

水が溜まる病気は、通院スケジュールが組めない。どうなったら抜去に連れて行くべきか電話で伺った。「お腹で息をしていても、食欲があるうちはオーケー」と言われた。今日になってウェットフー

ドも舐めるだけになったニャッキに「病院行こうね」とナデナデすると、「グ、ングル」と鳴らす喉まで息苦しそう。

先生も心配そうに両胸を確認して、来週の治療予定日までは持たないだろうと、六十ミリリットルの乳びを抜いた。ガンの経過は良好で「寛解に近い状況ですね」のこと。やったね、ニャッキ。頑張ったもんね！

抗ガン剤治療が始まった時は目の前が真っ暗になったけれど、今はこの五匹に囲まれた暮らしが本当に幸せで、素のままでいることの大切さなど彼らから教わることも多い。皆が寛解になったら、五匹が皆揃って駆けっこしてくれないかな。早く元気になって欲しいな。

頼りになるぴょん兄貴

2009-07-12 20:40:05

ぴょんちゃんはヒト科ネコではないかと思う程、頭がよく思慮深い。私がガンの子達の世話で時間を取られているときも、自己主張せず自分に愛情を注いでくれる時間をじっと待っている。私との意思疎通も完璧で、猫をリードで散歩させるなんてぴょんでなければ叶わないと思う。

「抱っこしようか」と目を見ると膝に飛び乗り、「もう寝よ」と言うと一緒にベッドに来る。家に仕事を持ち帰れば、遅くにパソコンに向かっていると「もうやめたら?」とキーボードの上に座って邪魔をする。そのタイミングが本当に限界だったりする。

ぴょんのミラクル話は尽きない。ニャッキが小さい頃、ぴょんが夜中に何度も私を起こしに来たことがあった。リビングへ向かうので付いて行くと、カーテンの前でお座りして振り返る。カーテン裏で何か動いているので見てみると、ニャッキが新しい首輪を猿ぐつわのように口に引っ掛けてしまい、取ろうとパニックになっていた。それを知らせるために私を起こしたぴょんには、さすがに驚いた。

私が泣いてると顔を舐め、用がある時は鳴いて知らせ、仔猫達が取っ組み合いをしてると、「ググ!」とひと唸りして終わらせる素晴らしい兄貴猫。ぴょんが喉を鳴らし始めると、ぴょんを抱っこした人はみんなリラックスしてしまい、催眠術にかかったように眠気に襲われる。

ぴょんはもう十歳。年のせいか落ち着いていて、走り回るのはウンチの後のトイレハイだけだけど(ごめん、バラしちゃった)、いつまでも一緒に長生きしてよね。

ワンダホー！　2009-07-11 23:02:34

なんとなんと！　今日は神様に何度感謝したことか！

今日の診察でザビが寛解を得たと告げられました。二週前の診察時には、寛解が近いと言われていたので、今日は検査結果をわくわくしながら待っていたけれど、「寛解です！」という笑みを見て泣きそうになりました。

良かったね、ザビちゃん！　今度病院に行くのは一ヵ月後！　今朝、病院行きたくないって逃げ回っていたけど、すごく元気だったものね。

ああ、幸せが沁みています・・。

またか〜・・。　2009-07-14 22:49:17

二日前に胸水を抜去したばかりなのに昨晩のニャッキの腹部は大きく膨らんだりしぼんだりして、胸水はこんなにも早く溜まるものなのかと理解出来ずにいた。今朝は肩で息をするほどになり、もう選択肢はないと確信し、クローゼットの中でうずくまるニャッキをキャリーへ促す。抵抗もせずに諦めたようにトボトボと入っていくそんな姿が物悲しい。

獣医さんには診察時間前に着いたが、看護師さんが気付いて診察室に通して下さった。先生はニャッキの辛そうな様子を見つめ「まだ三日だよね、どうしようか」と悩んでいる。今まで抜去に使ってきた細い針では乳びの脂質成分が詰まり易く、胸空内に張り付いて大量には抜き辛いらしい。かといって、太い針で勢いよく抜くと、胸空内は陰圧であるためにその空になった部分に乳管から乳びが浸潤し、すぐにまた溜まってしまうのだと言う。結果として今日一日預けて、染み出てくる乳びを抜去する方法を取った。夕方迎えに行くと、ニャッキの目は怒りに満ちてギャーギャーと喚き散らしていた。肋骨と肋骨の間に針を入れるのは、神経が多いから痛いらしい。怒るのも無理はない。驚いたことに今回抜去した乳びは九十ミリリットル。たった三日で溜まった量だ。「・・乳びで死んじゃうことってあるんですか?」と尋ねてみると、先生は無情にも「あるよ」と言い、「呼吸困難や感染症でね」と続けた。致命的な病気のイメージはなかったが急に怖くなった。

「乳びは低脂肪の食事が推奨されますが、ニャッキは今衰弱して体力も落ちているので、とにかく食べるものなら何でも与えて下さい」と言われ、帰宅して高栄養のドライフードを出したが、ニャッキは十粒も食べなかった。次にウェットフードを開けたけれど、匂いに喜んだ素振りをしても舐めるだけ。夜中三時に目が覚めたので、チキン缶を開けてみたが夜食にフィーバーするのはひなことザビのみで、音を聞いて走ってきたニャッキはゲップのような音を出して、また少し舐めただけだった。

口周りを舐めて気持ち悪そうにしているが、ウェットが大好きなニャッキが乳びのせいで全く食べられないってどういうことなんだろうと愕然とする。こうなったら何でも試すぞと色んなパウチを開けたが、全く効果はなかった。どうしよう。

課題多し

2009-07-16 04:03:25

乳び胸に関して調べ物をして、原因不明の乳び胸にて一ヶ月で亡くなった猫の記事に辿り着き、愕然とする。食べない、食べたそうにしても食べられない、悪心によりペロペロと唇を舐める、体重が劇的に減っていく等、今のニャッキの姿がそこにあった。

「とにかく食べさせねば」とひなこ達に横取りされないよう隔離して高栄養のフードを出す。食べ始めたものの、異変に気付いたひなことザビが私達のいる部屋のドアを外から引っ掻いて入りたがり、ニャッキがドアまで迎えに行ってしまう。ニャッキがこんなに姉兄愛に富んでいたとは知らなかった。

次にスープ状のパウチフードを出すときちんと飲み切り、ぜん動運動が始まったのか長らく見ていなかった健康なウンチも確認出来た。久しぶりに満腹になって、リビングでお腹を開いて寝てしまう。その様子に『いくらかは楽になったのかも』とジワリと嬉しさが込み上げる。

病気猫との穏やかな休日♪

2009-07-19 11:37:59

最近、獣医さんの友人が居たらなぁって思う。聞いた説明を一度で理解するのは大変。自分が猫達の病気をきちんと把握し切れているか不安が残る。お茶をしながら色々と質問させて欲しいなぁ。

今日の通院では母を隣に乗せて病院までニャッキを撫でて貰った。胸水が溜まる子は病院への往復で興奮して呼吸困難になることがあると知ったから。車の中での百デシベル位の叫びに近い鳴き声に、『結構大丈夫かも』と変に安心。先生に、「食べ物を口からよくこぼす」「横向いて噛んで飲み込もうとする」「飲み込んだ後にオエッとする」と報告をすると、胸水が溜まると嚥下時は呼吸を止めるので、そのようになってしまうのだと知る。口の中がどこか痛いのかと思っていた。エコーで胸水も溜まっていないと確認が出来て、ガンも寛解に近いと見られるから今日の治療は見送りましょうと言われ、久々に簡易な診察で終わった。ニャッキも寛解が近いといいなぁ。

細菌バンザイ?!

2009-07-24 19:43:29

ニャッキの乳びの溜まり具合が遅くなって来ている。何故か。先生の見解では先日一日入院で抜去した際に少し細菌が入ったのではないかとのこと。乳びの治療法で、抗ガン剤の一種のテトラサイクリンを硬化剤として胸腔内に入れて、裂けた部分を塞ぐ方法があり、その薬と似たようなことを「予期せず入ってしまった細菌」がやってのけたのではないかとのことだった。乳びの抜去は完全無菌状態で行うわけではないので、微量の細菌が体内に入る可能性はあり、それが感染症を引き起こして裂けた箇所に癒着を起こし、塞がるという有難い効果を奏したのではないかと言うのです。この前の抜去処置後二日間のハンガーストライキや、昏々と眠るだけであった時間は感染症と闘っていたのだろうか。

確かに、あれ以来いつの間にかガン発症前と変わらない位に元気に復帰している。昨日は、ご飯を自分から催促したたし、ザビと追い駆けっこをして、薄型テレビに正面から駆け上がるというやんちゃをしでかした（画面は傷つけるなよ〜）。パネル上を綱渡り状態で歩いたり、ぴょんとザビに向かってスライディングで飛び込んでお腹を出して「遊ぼうよっ！」のポーズを取ったりもしている。以前のニャッキに完全復活です。細菌様！どうもありがとう〜。

猫リンパ腫治療三匹とも一段落である　2009-07-26 23:43:14

ひなことニャッキの定期診療の日。二つのキャリーに一匹ずつ入れたところ、道中お互いを呼び合いうるさくて大変だったので、行き来出来るようにすると、わざわざ小さいキャリーに無理矢理入る二匹。素で可愛いな、君達は（笑）。

病院ではまずひなこの診察から。体重は五・三キロ。触診をして、「調子どう？」と聞かれたので、「皆で走り回っています」と言うと「ん?! ニャッキも?!」と驚かれた。実は先生は、ニャッキのガンは再発しているのではないかと心配していたそう。

ひなこの採血とレントゲン検査の後、次はニャッキの診察。体重は四・三キロ。ひなことは一キロも違う。乳びの溜まり具合を診る

為にエコー検査をすると、一週間振りなのに抜くことが出来ない程しか溜まっていない。ニャッキもレントゲン検査を行う。

検査結果ではひなこは問題なし。腫瘍があった前胸部に曇りはなく、ガンは再発していない。これで三カ月間寛解となる。ニャッキは、レントゲン検査で胸に癒着を起こしているのが見て取れて、乳びもその結果治まっていると確認が取れた。ただ、ひなこと違って胸の部分が濁って写っていたので、リンパ腫が隠れている可能性があるとのこと。先生の見解では、もしガン細胞が活発であればこんなに元気ではなく、かと言って抗ガン剤を入れた方が良い理由も見つからないので、ニャッキもひと月経過観察となった。但し、乳び胸は完治とは言えないので、自宅で引き続き呼吸を見ることになる。

会計時に看護師さんにも「ついに三匹ともここまで来ましたね！」と言われ、感慨深く毎週続いた半年強の通院を振り返る。助手席で二匹がギャーピー叫んでいたけれど、『こういうドライブももう頻繁ではなくなるな〜』と、ちょっとホッとしていた。

つかの間の幸せよ、永遠に。

2009-07-29 23:41:39

やっぱり家中の猫がみんな元気って嬉しいね。走り回っているのを目にしても嬉しいし、まったりしているのを見ても嬉しい。五匹揃っている姿を見て、感謝の気持ちでいっぱいになる。

ニャッキは最後に乳びを抜いてから二十日経ってもまだ苦しそうになりません。ザビとニャッキが元気に取っ組み合いをしています。激しすぎて怖いくらいです（笑）。神様、またこのやんちゃ坊主達にこんな時間を持たせてくれて有難う。そしてひなこはテレビの真正面に座り込んで、私達の視線を独り占めにしています。見えませんよ～。ずれて下さ～い、ひなこさ～ん（笑）。

ニャッキちゃん胸水再発、ガン再発か

2009-08-07 22:05:46

ニャッキが病気になるタイミングは、いつも私が多忙でケアが滞った時に思えます。ガンの発症は祖母が他界した時、乳びは義祖母のお葬式の日。今日は私が偏頭痛で頓服薬を飲んで寝入っていると、横で呼吸がおかしくなっていることに気付くのです。食欲もあるし、まだ大丈夫そうだけど予定している週末の診察では手遅れになるかもしれない。翌朝ザビの定期診療と合わせてニャッキも連れて行きました。

ザビは経過良好で無治療でした。ニャッキは、総白血球数は少ないものの黄疸の数値が上がり、異型リンパ球も見て取れることが判明。「乳びだけでは黄疸値は上がらないのでは？」という私の疑問も的中、これはただの乳び胸ではなくリンパ腫の再発ではないかとエコーで確認が取れました。「とりあえず溜まっている胸水を抜いて何であるか見極めて、透明なら抗ガン剤を入れます」と言われ、心細そうな視線を向けるニャッキは処置室へ抱っこで連れて行かれ、そのまま入院となりました。

二匹連れて行った車で一匹しか連れ帰れない時の物悲しさ。再発か・・と気落ちしてしまい、ひと

りで遅い朝食を食べていると涙が溢れました。猫達が私を囲んでくれて、膝に飛び乗ってきたぴょんが下から見上げて鳴き続けます。多忙な時や、自分が不調不良の時に猫の体調が崩れるのは悔しい。もっと早くからサインは出てたのではないかと思うと本当に悔しい。ただ、生きていてくれればいい。手が掛かろうが、出費が嵩もうが、ただそこに一緒に居て欲しいだけなのに。

感情が乱れて、疲弊した私は電源オフとなり、少し眠って目覚めると横にぴょんとひなこがいるのに気が付きました。心配して寄り添っていてくれたのかもしれません。

自分だけ家のベッドで寝てしまい、大変な治療をしている最中のニャッキに済まない気持ちを抱きながら、電話で経過を確認しました。今回の胸水は白濁の乳びではなく、半透明の胸水。今までとは違うわけです。しかも、今までの抜去量は最大九十ミリリットルであったのに、今日は二百四十ミリリットルも抜いたと聞きました。深刻な状況にクラクラします。そして、抜水後のレントゲン検査では、あるはずの胸の腫瘍は見当たらなかったとのこと。ただ、半透明の胸水が出たので身体のどこかにガン腫瘍があると見なし、抗ガン剤投与を進めたとの説明でした。この後、本当にガンの再発なのか見極めなければなりません。

迎えに行って先生と話している間、キャリーの中のニャッキが高い声で鳴いていました。話が終わり、待合室で「よく頑張ったね！」と顔を近づけてキャリーのドアを開けると、ニャッキが一歩出てきて、私のおでこに自分のおでこをくっ付けて来ました。何ともいえない感情がこみ上げました。

これだとニャッキがもう危ないみたいに聞こえてしまいますが、食欲もあるし、よく鳴くし、大丈夫です。胸水が溜まる原因が特定出来ればいいのだけど。あ、噂をすれば、ニャッキが甘え鳴きをして登場です。抱っこして存分に甘えさせてあげなければ。それではおやすみなさい。

ニャッキちゃん、抗ガン剤投与再び　2009-08-16 14:15:07

今週もレントゲンには写らないものの、ガン腫瘍がどこかにあると仮定して先週に引き続いて抗ガン剤の投与となった。乳びは抜くしか治療法がない反面、リンパ腫由来の胸水は胸腔に自然吸収されるのだそう。先週の抗ガン剤投与の後、胸水がそれほど溜まっていないのは、抗ガン剤が効いて胸水が吸収されたと理解し、今日はニャッキに先週とは違う抗ガン剤をまた注射投与して、来週までにさらに胸水が吸収されるのか経過を見ます。ニャッキの第一回目の抗ガン剤投与は、黄疸が出ていたため定量の八割で進められましたが、初回の薬は一番効果が期待できる為、初回量が低量だったニャッキは予後もいまいちなのだそう。後の治療まで影響すると知り驚いてしまう。

もうっ！。病気なんでしょっ！（怒）　2009-08-18 00: 34:07

夜、部屋でＰＣに向かい、私の回りで猫達もゆっくり寛ぎ中。『私の横にぴょん、足元にザビ、キャットタワーにひなこ。随分静かだけどハナとニャッキはリビングかしら。ニャッキはお腹一杯でぐっすり寝てるだろうな。でも、ハナはこの時間には甘え来るのになぁ・・』。そんなことが頭によぎった瞬間、ハッとしてと立ち上がる。この嫌な感じ、前にもあった。ニャッキが脱走した時だ！

家中を見てまわると、一部屋カーテン裏の窓が十五センチ程開いている。ハナの得意技です。慌てて表に飛び出して行くとハナが居ました。ハナは息子のお出掛けが心配で付き添っていた模様。でも、当のニャッキの姿が見当たらない。「ニャッキ〜！」、「ニャッキ！（こんにゃろー！）」としばらく近所を回り、『あーあ、またあの悪夢が』と落胆して家に戻ると、玄関前にハナとニャッキの姿が。

コホン。ここで怒っては台無し。怒ればニャッキは「オモテニイッテ、オウチカエルト、オコラレル、カエリタクナイ」と学習してしまう。だから「んもう！ニャッキ〜！いい子だねぇ〜！自分で帰って来たの〜！凄いねぇ〜！偉いねぇ〜！」とメチャクチャ褒めてから抱き上げて、撫でて撫でて、

いい気分にさせて帰宅する。その後ろをハナが付いてくる。身体と足を拭くにも、胸水が溜まっていては変に抱っこすると苦しいだろうから、拭くのも気を遣う。全く人騒がせな奴め（笑）。

リビングに五匹揃うと安堵感が漂う。ひなこは「だからダイジョブだってあたち言ったじゃん」と私を見上げ、ニャッキは「楽しかったあ！　おいら、近所を見て回りたいんだもんっ！」と冷たい床にご満悦で横たわる。ザビは、「ボクは怖いからオンモ行かないもーん」と、ニャッキの隣で伸びをしていた。

猫抗ガン剤治療費用

2009-08-21 00:29:47

「猫がガンで治療してます」という話をすると、まず「治療費、高いでしょ?」と聞かれる。「そうですね。でも家族ですから」と返事をするが、やっぱり高額かも。うちの場合は一才検診が終わったら三匹共ペット保険に加入しようとしていた矢先の発症だった為、治療費は全額負担。しかも同時に三匹。団体割引があればな〜と冗談でも考えてしまう程出費は嵩んでいる。

でも、ひなこ達の幼い頃の写真を見ると「まあ、使うよね」と思う。私の部屋で産まれ落ちた彼らです。もともと私あまり物欲ないし、猫がこの世で一番好きだしね。やっぱり私は育ての親だから、全力で治療したい。彼らのためというより、私のためなんだよね。

姉弟愛

2009-08-22 21:45:32

酷暑であった日中だけど、夜には涼しい風がビュンビュン吹き出し、外は雨の前の匂いがしている。三匹はやっぱり絆が強い。いつもひなことザビが弟のニャッキの面倒を見ているように思える。以前、ニャッキが誤って部屋に閉じ込められたら、ひなことザビが心配そうにドアの前で座り込んでいた。喉に物がつっかえた時も、二匹が慌てて駆け寄って心配そうにしていた。ウンチに砂を上手く掛けそびれたら、ひなこが代わりに隠してあげてるし、脱走して戻ったり、病院から戻ると一生懸命二匹がニャッキの毛繕いを手伝ってあげている。ひなことザビはニャッキにとても優しく、今は特に彼が弱っているのが判るのかもしれない。日中はひなこが激ヤセしたニャッキに寄り添って眠っているみたい。ひなこは姐さん肌。「私が弟を守っている」という気合いを感じる。

ふくろこうじ　2009-08-29 22:14:03

今日はどのような診断が下されるんだろうと落ち着かない気持ちでひなことニャッキを車に乗せました。ひなこは予想通り寛解継続で、次の診察は二ヵ月後。最終ステージまで行っていた猫とは思えず、本当に先生には感謝し切れません。

かたやニャッキは、先週一日入院で使った強い抗ガン剤の効果はありませんでした。胸水の量もほぼ変わらずで、過酷な一日入院治療も乗り切ったのに残念です。すでに体内に胸水が吸収されない状態かもしれないと聞きました。ショックだったのは黄疸値の上昇と、乳び胸を患う猫の予後に多い「無気肺」になっている可能性があることでした。

ニャッキの右肺は、癒着により機能していない可能性が有り、左肺に水が溜まると呼吸困難を起こします。ただ、血液検査で黄疸値以外に所見は認められず、抗ガン剤を入れなければならない理由がないので、今週は敢えて抗ガン剤入れず、自宅での各種投薬もせず、来週土曜まで経過を見ることとなりました。私の気持ちはというと少し複雑で、必要ない薬は入れることはないのだけれど、無治療も不安を感じます。ニャッキ本人は以前にも増して私にべったりになり、外出しようとすると一生懸命鳴いて気を引こうとします。「何をしてあげたらいい？」と思わず大好きなウェットを食べているニャッキに聞いていていました。健康だったら立派なオスになっていただろうニャッキの骨がせり出した肩をさすります。この先どうなってしまうのか、不安で仕方がありません。

いざ病院へ

2009-09-01 22:18:51

今朝はニャアとも鳴かない。ご飯は食べたけれど、呼吸の度にお腹が大きく波打って苦しそう。朝九時前に病院へ連れて行くと、先生は呼吸とエコーを見て「抜きます」と即決だった。強い抗ガン剤を入れて十日、ステロイドの服用を止めて三日で既に多くの胸水が溜まっていた。預けてから会社へ行き、夕方に電話を入れると夜は自宅でも良いと仰るので迎えに車を走らせた。

「採血の結果が悪くないので腑に落ちないが、抗ガン剤治療をせずに無治療で帰して悪化したということは、リンパ腫再発と考えざるを得ないだろう」との見解。機能していない右肺は胸水量も変化がなく、動いている左肺に水が溜まり呼吸困難となった、左の胸腔から六十ミリリットルの胸水を抜き、抗ガン剤を注射投与したと説明を頂いた。今日の抗ガン剤の効き目が弱く、数日内に呼吸困難となったら、週末にまた抗ガン剤の投与になるようだった。強い抗ガン剤で胸水が止まらなかったのに、弱い抗ガン剤はどこまで効果が見込めるのだろう。種類が違えば効いたりするのだろか。

預けられている間寂しかったのか、ニャッキはキャリーの扉を開けると、一生懸命に自分の頭を私の手の甲にこすり付けて「ナオナオ」と鳴き続ける。そうだよね。もう嫌だよね。でも、ここに来ないと、すぐに悪くなっちゃうんだよ。

抜いても抜いても溜まる胸水

2009-09-04 00:31:48

六十ミリリットルの胸水を抜去してからまだ一日しか経過していないにもかかわらず、静かにしていると片肺で努力呼吸しているニャッキの鼻息が聞こえ、かなり凹んでしまう。翌日まで持つか心配で、夜中に何度も様子を見に行った。ザビも心配してニャッキの近くから離れない。

翌朝に獣医さんへ。先生も「だって抜いて二日でしょ？」と驚いている。エコー検査でも急速に溜まったことが見て取れて「一昨日抜いたばかりで可哀相だけれど、今日抜かなきゃ持たないね」とまた一日預けての抜去となった。

夕方、迎えに行くと足音で判るのか、奥の入院室からニャッキが鳴き出す。今日抜いた胸水は二百ミリリットルにもなったらしい。ニャッキのか細い鳴き声を聞きながら「機能していない右肺辺りに何かが起きている可能性が高いけれど、ＣＴを撮らないと確認出来ない。撮ったとしても外科手術で切除するには麻酔をかけるし、ニャッキには負担が大き過ぎる。なるべく外科的方法は避けたいので、次回血液の飛沫と胸水とを病理に掛けて、細胞を比較して貰いましょう」と説明を受けた。

帰宅後のニャッキは拍子抜けするほどに調子が良さそうで、それどころか食欲旺盛でいたずら三昧。パウチのフードは破いて食べるし、ゴミ箱もひっくり返っている。でも、荒い呼吸をしてベッドでグッタリしているより百倍良い。胸水が抜けていればこんなにも元気なのだ。

ニャッキちゃん、ごめん！　2009-09-06 23:41:00

今朝のニャッキの呼吸を見て『月曜の診察で問題ないな』と思いました。今日は日曜。よく考えるべきでしたが、掛かり付けの獣医さんは日曜午後休診です。

午前十一時に『あれ？　ちょっと悪くなって来た？』と嫌な予感がしました。午前診療も残すところあと一時間。先生には日頃から「抜去後は二、三時間様子を見なければ帰せない」と言われています。『今連れて行ってもすぐ連れ帰るのは無理だから、やはり明日まで待とう』と判断しました。

完全に誤った判断でした。午後三時を回るとニャッキの呼吸は荒くなり、明朝まで持つか不安なレベルに。以前、掛かりつけ獣医さんに、休診時に何かあったらどこの医院に連れて行くべきか尋ねたことがあり、数駅先の病院を紹介されていました。そこに電話して状況を説明すると、夕方までに通院すれば胸水を抜いて今日中に帰せるとの心強い言葉。すぐに呼吸の悪いニャッキを車に乗せて出発しました。いつもより長いドライブと苦しさにニャッキは「ニャア」とも鳴きません。固まったまま、私の腕に寄り掛かり、荒い息をしながらキャリーの隅に縮こまっていました。

到着後とても長い待ち時間の末、呼ばれて診察室に入ると先生はエコーで胸を確認し「水は溜まっていないように見て取れる」と仰いました。レントゲン撮影のためにニャッキは奥に連れて行かれ、しばらくして診察室に呼ばれましたがそこにニャッキは居ません。レントゲン撮影の際に興奮して暴れたらしく、先生達を攻撃して開口呼吸を始めたため、いま酸素マスクを着けていると説明されます。レントゲンもうまく撮れなかったそうで、胸水の溜まり具合に関しては何も明確に判らず、担当獣医師に「あれだけ興奮されたら抜くのはまず無理だし、入院させて落ち着いてから抜くことにしてもまた興奮されるかもしれない。今晩は越せるかも判りません」と言われる結果となりました。

呼吸を楽にしてあげたくてここまで連れてきたのに・・。無念としか言いようがありませんが、そもそもが私の判断ミスです。無治療でニャッキを連れ帰ることになりました。レントゲン室にいたニャッキがキャリーに入れられて連れて来られ、あんな様子のニャッキは今まで見たことがなく絶句しました。背中の毛が全部逆立ち、恐怖に瞳孔も見開いていてしまい、撫でようと手でも入れたら、私にさえ噛みつかんばかりに獰猛になっています。レントゲン撮影中に呼吸が出来ない状況になったのかもしれません。『うちでそっとしておいたら良かった・・』とここまで無理矢理連れて来たことを深く反省しました。

家族に会計をお願いしてニャッキを抱えて車に戻ると、ニャッキが高い声で「ニャア」と鳴きました。

車の中の慣れた匂いと私と二人だけの空間に安心したのでしょう。ニャッキの甘え声と、今日は越せないかもしれないと言った獣医師の言葉を思い出し、こらえていた気持ちが溢れて出ました。

帰宅後の今も、頭と身体が上下に揺れるほど大きな息をしています。でも、あと八時間もすれば慣れた先生に診て貰うことが出来る。それまでどうか息が止まりませんように。今日はニャッキの近くで眠ります。ニャッキちゃん、おねえちゃん余計なことして本当にごめん。

おかしな肺

2009-09-07 09:36:08

昨夜、一時間毎に目覚ましを掛けてニャッキの様子を見ていたが、四時半には寝ていたソファから移動したようで、どこの部屋にも見当たらない。探し回ると母のクローゼットに忍び込み、暗い中でうずくまっていた。私が声を掛けてそっと手を添えると、苦しいのにグルグルと喉を鳴らす。そのまま一緒に朝になるのを待ち、日が登り始めたら窓から一緒に外の鳥を眺めていた。ニャッキはどんな姿勢でも苦しいらしく、数分も置かずに姿勢を変えてしまう。午前八時半に病院に電話をすると、先生が出られてすぐに連れて来ていいと言うので急いで車を出した。

車中、ニャッキの開口呼吸はすぐに始まった。苦しいのに怖くて鳴くので、ますます呼吸困難が進んでしまう。到着後に昨日の出来事を伝えると、先生は異常に動くニャッキの胸とお腹を見て「先に抜きます！」と言い、私の目の前で抜去が始まった。八十ミリリットルの胸水が抜けると、ニャッキの呼吸と表情が穏やかになっていくのが見て取れる。今日採った血液と胸水は、リンパ腫との関連性を見て貰うために病理検査へ送られた。今日はこの後、入院治療にて点滴をしつつ脱水症状を敢えて起こして、溜まった胸水を身体に吸収させて、利尿剤を使って尿で出す方法を取ってみると説明を頂く。私はニャッキの命が繋がったことに大きく安堵して、仕事へと向かった。

夕方に経過を聞くと、私の目の前で八十ミリリットル抜いたのにもかかわらず、利尿剤投与後に大量に尿もして、更に夕方五時前には再度九十ミリリットルも抜けたと知った。一日で百七十ミリリットルの抜去と大量の尿。途方もない水分量・・。今日の入院中に一切の食事を摂らなかったことや、昨日の他院での治療ストレスによる過呼吸で血糖値が上昇しているらしく、一度帰宅させて家でゆっくり食事を摂らせて、明日の夕刻にまた抜去に連れて来るように言われた。迎えに行くと、看護師さんも「あんなに何度も針を刺したのに、本当に頑張った」とニャッキに労いの言葉を掛けて下さった。本当にそうだよね。痛かったよね。朝、私の目の前で針を刺された瞬間も「キュウ！」って聞いたことのない悲鳴をあげていたものね、と頑張ったニャッキを褒める。

連れ帰っても食べなかったらどうしようという不安をよそに、帰宅後のニャッキは激しく鳴いて食事を催促するほどだった。他の子に横取りされないように私の手からあげていたところ、勢い余って指までガブリと噛む始末で、そんなにお腹空いてたなら病院でも我慢せずに食べたらいいのに、と痛みすら喜びに変わる。

残念ながら「溜まったら抜く」を繰り返すしか治療法はないと聞いている。でも、私が胸水の溜まり具合を見ていれば、元気でいられるのだ。

今日は不安に押し潰されそうになったけれど、ニャッキの命を救っていただいて本当に感謝で一杯になった。朝のニャッキの異常な呼吸の状態で胸に針を刺すのは、かなりの覚悟と集中力を要した処置だったのではと敬服し、この先生が判断して進めたことならば、うちの猫達がどのような結果に至っても、最善を尽くして下さった上だろうと腹を括れる気持ちを得た日になった。

休診日が恐ろしい

2009-09-08 23:33:52

明日は獣医さんが休診なので緊張する。恐怖の週末を越して間もないこともあり、迷った挙句に車を出した。先生からは「明後日に抜きますか」と提案されたが、明日の休診日に急変すると怖い。念のため、明日の時間外診療はしないかお伺いすると「一人では処置が出来ないんだよね」と仰った。

確かにいつも、先生以外に複数の看護師さんにてニャッキの胸水処置は行われている。私の不安が見て取れたのか、今無理してでも抜ける分だけ抜くか尋ねられたので、抜いて貰った方が気が楽ですとお願いした。結果、九十ミリリットルのも胸水が抜けた。昨日、百七十ミリリットル抜いたのに、一日でこれだけ溜まるなんて。抜いて頂いて正解。溜め息をつき絶句する。

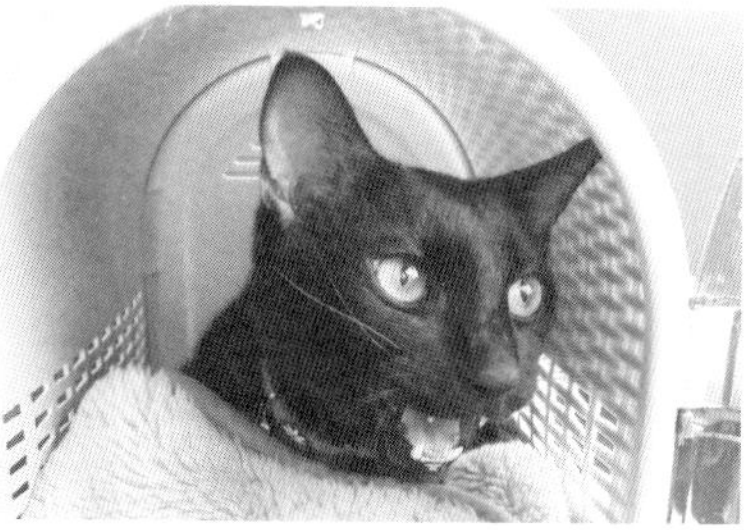

幸せ感じた木曜日

2009-09-10 23:47:43

こんばんは。ニャッキは落ち着いています。今夜は冷え込むと天気予報で言っていたので、ペットヒーターをセットしました。水洗トイレの流れゆく水を見るのが大好きなニャッキは最近また出待ちをして夢中になって楽しんでいます。

今日は百ミリリットルの胸水が抜けました。帰宅後に表に出たい素振りを見せたので、玄関先で一緒にゆっくりしました。プランターの草を食べていたけれど、最近猫草を買っていないので草が食べたいのかもしれない。外に興味を示す余裕がまだあることがとても嬉しいです。

胸水を抜いて楽になったからか、ベランダに寝転がってしばらく外の風に当たっていました。その後、室内に入るとリビングでクネクネとし始め、最後は猫の開き状態でした。夜十一時にもまた「ご飯ちょうだーい」と催促するほど食欲旺盛ですが、飲み込む時に一旦呼吸が止まることから一度に沢山食べられないのかもしれません。今はただ食欲があって外に行く余力があって、クネクネダンスをすることに喜んでいます。

いまキーボードにニャッキが乗って来ました。甘えさせてあげましょうかね。おやすみなさい。神様、ありがとう。

どうしよう

2009-09-12 14:16:12

ニャッキのそばを離れられません。今朝も午前中に病院へ行き、左肺から百五十ミリリットル、右肺から初めて六十ミリリットル抜いて頂きました。右は心臓から近くて抜くのは難しいとのことでしたが、エコーで溜まっていることが見て取れたため、初めて抜去が為されました。直後には、ニャッキの鼻からか聞いたことのないブブブという音が漏れ出ていました。帰りの車ではいつもよりも沢山鳴いたように思えますが、帰宅するなりリビングのテーブル下にふらふらとしゃがみこみ、そこから長いこと微動だにしません。動けないのかな。病院は午前診療が終わってしまったし、このままで大丈夫なのだろうか。どうしよう。

息してる

2009-09-12 18:13:18

ニャッキに何が起きたんだろう。さっきまでかなり怖かったです。あんなニャッキを見たことはありません。四つ這いで縮こまったまま、そこから微動だにせず、触っても嫌がって顔を背けるだけ。実際は動きたくても動けなかったのかもしれない。毛は少し逆立っていて、気持ちも悪いのか口周りを頻繁に舐めていました。冷えたフローリングの上で不快感をやり過ごしていて、せめてブランケットやソファの上で寛いで欲しいと思っても動かして良いのか判りません。人肌に温めたウェットフードを鼻先へ持っていっても、食欲どころではないようで匂いにも嫌悪感を示します。午後診療が始まり、先生に報告すると舌色は白いか貧血の可能性を聞かれましたが、口をこじ開けて見ることも出来ませんでした。「沢山抜いた後は少し安静にしておいた方がいいんだよね」とお困りな様子でした。

しばらくして、やっと床から近くの椅子に移動しようとしましたが、立ち上がっただけでバランスを崩し、よろめいて転びそうになりました。椅子の上でゆっくりとしゃがみこむ際も、鼻からブブブと聞こえます。日が暮れてフードを用意していたら、寝ていたニャッキが自分も食べたいという意思表示をして、ふらつきながら椅子から降りてきました。慌てて、ニャッキの大好きなフードを用意するとガツガツ食べます。ホッとして胸を撫で下ろしましたが、水を飲みに歩き出した際にまたよろめいて上手く歩けず、抜去から半日以上も経つのに一体何が起きているのだろうと大きくショックを受けました。今はニャッキが寝ているソファに何度も様子を見に行き「息してる」と安心しています。あとはあのよろめきが治ってプププと変な音がするのが止まれば、更に安心できます。

持ち直しましたっ！

2009-09-13 10:04:11

おはようございます。昨夜ニャッキは真横になって寝始めたので、身体がリラックスしてきた証拠と思い、私も自分のベッドで眠りました。夜中に様子を見に行くつもりでしたが、私の身体の上をヨタヨタと何かがゆっくり歩いていく感触があり、ニャッキが来たことを知りました。そのまま私の傍に寄り掛って寝始めたニャッキに嬉しさから手を伸ばして添えてみると、イメージと違い、その身体があまりにも小さく骨ばっていてショックを受けました。それは頑張って病気と闘っている身体でした。しばらくすると、母猫ハナもニャッキに寄り添って寝始めて、生みの親と育ての親が揃ってニャッキを朝まで見守ることになりました。よろけながら体勢を変える度に倒れるんじゃないかと心配してしまい、ほとんど眠ることも出来なかったけれど苦に思いませんでした。

今朝は、足取りはおぼつかないもののゆっくりなら真っ直ぐ歩けるようになっています。通院すべきか迷いましたが、呼吸がそこまで上がっていないこと、ストレスは最小限にしてあげたいことを理由に、今日は家でゆっくりさせることにしました。先生も心配して朝に電話を下さいました。悪くなってては持ち直すを繰り返しているけれど、今日はよい日曜になりますように。

また一日入院です

2009-09-14 09:52:26

昨日、通院しなかったことにより今朝は百ミリリットル抜去。摂取した水分が胸腔に逃げてしまうため脱水症状を起こしており、量を見ながら点滴を入れることになった。血液検査では白血球数の上昇、異形リンパ球の出現、黄疸値の上昇とあまり良い結果ではない。

前日のよろめいて歩くニャッキの動画を先生にお見せする。脳の問題ではなさそう。大量に抜去したことにより、肺と胸腔の陰圧が崩れてふらつきを起こしたか、または抜去で脱水を起こして心臓が勢い良く血液を回し、血管内の血栓を大腿部に運んだか、原因と成り得ることを多く説明下さったけれど、難しくて私の疲れた脳では全てを理解し切れない。

お迎えは七時だったが職場での会議が長引いてしまいギリギリのところに滑り込む。やっぱり夜は家で過ごさせたい。朝のニャッキはシワシワでボサボサでガリガリで、見るからに病気の猫だったのに、点滴で身体に水分が行き渡ったため、同じ猫かと眼を疑うほどチュルチュルのプルプルに変身していた。嬉しかったのは、私の姿を見るなり「ナオ！」とご機嫌に鳴いてくれたこと。ここ数日は通院時の悲痛な叫びしか聞けなかったので、復活したニャッキを見てじわっと涙腺が緩む。

猫は強い。もちろん先生方の行う治療が高度であるからだけれど。明日も通院となり、対症療法しか出来ない状況に先生も悩んでいるよう。今は健康そうでも、明日の朝にはまた弱っている。帰宅後はまたしても水をがぶ飲みをした。一日中点滴で水分を入れていたはずなのに敵は手強い。

驚きの病理検査の結果

2009-09-15 23:00:31

病理の結果が出てきた。まず「ガンは寛解を迎えている」、もうひとつは「胸水はリンパ腫由来ではない」との結果だった。胸水を止める突破口は抗ガン剤かと思っていたため、その可能性も消えた。

今日も六十ミリリットル抜去。

ニャッキ危篤状態に

2009-09-18 16:04:20

やっと言葉に出来る時間が経ちました。どうにも現実に向き合うのがきついので、一昨日からの出来事を時系列でまとめました。

一昨日 夜、会社から帰るとニャッキの呼吸がかなり荒かった。前日夕方に胸水を抜きに行ったのに、と悪化の速度に唖然とする。こんな時に私まで酷い体調不良。悔しい。日を越して午前二時には、ニャッキが今まで見た中で一番つらそうに息をしていた。ニャッキの傍でうつらうつらしながら様子を見る。朝まで持つだろうかと不安に思う。

朝方午前五時はニャッキはもう駄目かもと思いだす。でも昨日は大声で鳴いてご飯の催促に来たことを思い出し、ニャッキに「まだ逝かないで、頑張って、お姉ちゃんが付いているから」と声を掛け続ける。ガンも寛解を得たのだからここで負けて欲しくない。治療法がないのならニャッキに声を掛けて頑張らせないが、ニャッキは胸水を抜きさえすれば元気なのだ。ニャッキは呼吸困難のため一睡も出来ていないよう。時折バタンと横に倒れて寝てしまうが、息が出来ずに口を魚のようにパクパクとさせ、飛び起きてまた四つん這いになる。それを繰り返す様子を見ているのが本当につらい。

午前七時になり、オエッとえずき始める。頑張れと言う方が酷に思えて来て、初めてニャッキに「本当に辛かったらもう楽になっていいよ」と声を掛け始める。それでもニャッキは「なんで僕は急にこんなに苦しいの?」とでも聞いているかのように私を見つめている。小一時間経ち、いつ逝ってしまってもおかしくないほど酷い呼吸になり、診療時間前だけれど耐えられずに病院に電話を入れてしまう。先生が電話に出て、すぐに連れて来てと言って下さる。母に助手席でニャッキを見て貰っていたが、車中では息が出来ない恐怖にニャッキは鳴き続け、それが更に呼吸困難を悪化させて、途中呼吸停止になりそうになる。病院に何とか辿り着くがまだ先生お一人しかいない。

ニャッキを手渡した瞬間に緊張が解け、とめどなく涙が流れる。ニャッキはキャリーから出されると失禁。チアノーゼを起こしていた為、先生はコーン型の酸素マスクをニャッキに着け、呼吸を安定させる。車から途切れ途切れに叫んでいたニャッキの声が次第に落ち着いてくる。酸素を吸うために自分から一生懸命マスクに顔を突っ込んでいる。看護師さん達がまだ出勤前なので、酸素マスクを私が持ち、先生は入院用の酸素室の用意を始めた。一旦ニャッキを酸素室に入れるが、酸素室の酸素濃度が酸素マスクよりも薄いため、また口をパクパクとさせて苦しそうにする。先生は「すぐに抜かなきゃ駄目だ」と院内を走り、そのタイミングで最初の看護師さんが出勤される。来たばかりの看護師さんがニャッキの保定をし、私が酸素マスクを顔に添え、先生がニャッキの胸に針を刺す。二度針を刺しても上手く抜けない。五十ミリリットル抜いた時点で一旦停止する。一晩でここまで溜まってしまうのなら、自宅でも抜去出来るように体内にチューブを残す方法を取ると仰る。チューブの設置には太いものだと麻酔をして外科手術が必要だが、麻酔に耐えられる身体ではないので麻酔なしで付けられる細いタイプにすると聞く。胸腔内に水があった方が装着し易いため、一度休ませて呼吸が安定したら昼前に設置してまた抜去してみると言われ、私は朦朧とする意識の中、一気に噴き出した疲れと不安を抱えて母の待つ車に乗り込んだ。

夕方にニャッキの経過を問い合わせると、胸にチューブも無事入り身体に包帯を巻いているけれど、思いの外嫌がっていないようだと聞いた。安堵するや否や「今後は自宅でも酸素室に入れて下さい」と告げられる。酸素室のレンタル会社があるらしかった。あとは来院した際に説明しますと会話は終わり、予想していなかった展開にどこかショックを覚える自分がいることに気付いた。

「酸素室」。以前テレビで自宅に酸素室を設置してペットの終末期をケアする飼い主さんを紹介していた。正直その時は「ここまでするんだ」と思った。いまや、私がその飼い主さんだ。色々な思いが頭を廻る。ニャッキは今まで通りに暮らすことは難しい。今日は瀕死状態のニャッキを見て居られずに病院に持ち込んで命を繋いで貰った。酸素室の設置はまだやれることの一つ。生き物はこちらの都合の良いように命を終わらせない。でも、死ぬまで酸素室住まいで嬉しいのだろうか？　みんなと遊べなくても、自由に歩き回れなくても、ニャッキは生きていたいだろうか。

午後六時になり、ニャッキの面会に行くと私の複雑な思いを感じ取ったのか、先生から説明があった。胸水は随時抜いていかないと、すぐに今朝の状態になる。リンパ腫は寛解を得たけれど、ウィルス血漿が悪さをして肺を壊したのか、ニャッキは片肺しか機能していない。脱水から血管が細くなって酸素供給量も足りなくなり、努力呼吸のために息も荒くなる。酸素室内は酸素濃度が三十パーセント以上であるから、呼吸は楽になるし今朝みたいな口呼吸はせずに済む。私はもう魚のように口呼吸をするニャッキの姿は見たくないし、酸素室内であれば激しい呼吸困難は回避出来ると思い、酸素室のレンタルを進めることにした。

「今朝、もう亡くなる時期なのかもしれないと思い、このまま家にいた方が良いのか悩みました。とても自分勝手ですが、あんなに一生懸命呼吸をしているのを見てじっとしていられなかったです」と正直に伝えると「飼い主さんはみんなそこを悩んでいます」と先生は言う。生き物が自然に生きるということはどういうことか。酸素室が不自然であるというのならば、治療自体が生き物にとって不自然なものになり得る。先生は「ニャッキを預かっている間にもし呼吸が止まっても、心臓マッサージや気管送菅で呼吸の確保はするつもりはありません。それはニャッキに対して治療法があり、今後健康に生きていけるという確信があればこそすることで、この状態のニャッキを引き戻す方が生き物として不自然だからです」と続けた。耳にする言葉に愕然としたが、本当にその通りだと思った。

そのまま、安楽死についても話しが進んだ。三日間自発的に食べることが出来ない状態で、この先も治療法がなく回復に向かう道が閉ざされている場合にしか安楽死は適用されないらしい。但し、痛みや苦しみが伴う場合はそのガイドラインは適用されず、ご家族の意志がどうであるかだと仰った。欧米は宗教観が違うので、飼い主の安楽死に対しての考え方も日本とは大きく違うと話が及んだ。

先生との十五分ほどの会話で、ここ最近の煮詰まってしまった狭い視野から他に視線を変えられた気がした。酸素室のレンタル手続きを取ると翌朝九時には設置に来てくれると言う。ニャッキはそれまでは入院だ。会社からは数日休暇が頂けることになった。

翌日、レンタル酸素室の方が設置にいらした。状況の深刻さと対比して気さくな方で救われる。早速病院にニャッキを迎えに行くと、看護師さんが「家まで車でどれくらいでしたっけ？　朝から呼吸がかなり荒くて」と言う。そうなんだ、胸水を抜いたら安心というレベルではもうないんだと気付いて緊張が走る。入院部屋に行くとニャッキは、昨夜連れ帰らず置いて行った私に腹を立てていた。初めて病院で夜を越して不安だったんだろう。ニャッキに留置されたチューブからの抜去方法を見せて貰ったけれど、朝三十五ミリリットル抜いたこともあり、その場では十五ミリリットルしか抜けなかった。それでも呼吸は荒い。チューブには繊維質などが詰まりやすく、すぐに抜けなくなるのでまた連れて来る方も多いと聞く。ご飯は誤嚥（食べたものを嘔吐して喉を詰まらせること）を防ぐためにウェットフードを勧められる。先生は脱水の治療はどうしようかなと言ったまま黙ってしまったが、ニャッキの呼吸を考えるとこの先の通院は危険が伴うのだと悟った。もう、車中で苦しい思いをすることや、病院での処置中に亡くなるリスクも高いのであれば、家で看届ける覚悟もし始めなければならないのだろう。

左脇から肺に刺されたチューブは背中に留められていた。帰宅後、既に息が荒いニャッキを

抱っこして初めての酸素室に入れてみる。ドアを閉めようとすると、凄い勢いで中からドアに体当たりをして外に出てきた。呼吸もままならないのに、危機的状況にはあんなパワーが出るのだ。彼の本能に驚きながら、再度酸素室に入れようとするも、腕の間をすり抜けてリビングまで逃げてしまう。かなり息も荒くなってきて今度は撫でて落ち着かせてから酸素室に入れると、急に呼吸が楽になったことにニャッキ自身が気付き驚いたようだった。ゆっくり休めるようにとセットした猫ベッドにも座ろうとせずに、脇で縮こまっていて、ドアを開けて確認すると最初に入れた時にベッドで失禁していたことが判った。

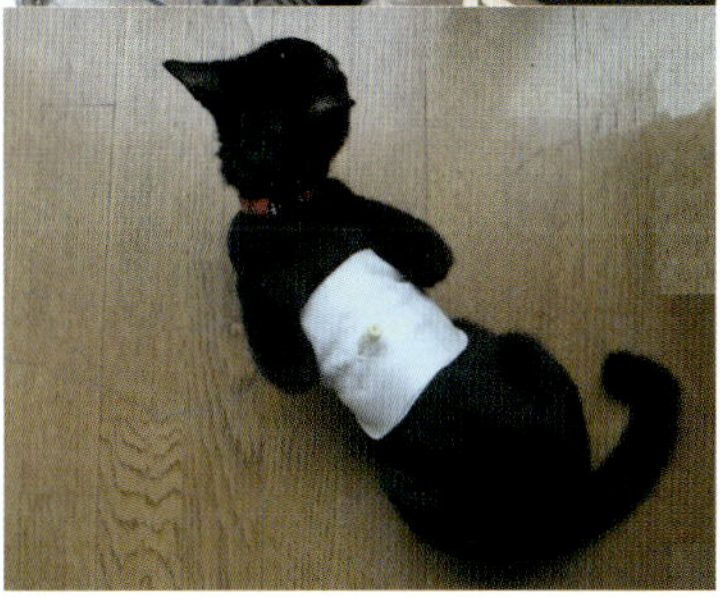

代わりに座布団を入れてみるが、呼吸を確保するには足場が柔らかすぎるらしい。ふっくらとしたところで寝て欲しかったけれど、結局は床板にフリース一枚敷いただけの場所が気に入ったようだった。自宅で二、三時間おきに胸水を抜くよう言われ、既に四回抜いてみたものの、その量は十五ミリリットルから半減していくばかり。すでにチューブに何か詰まったということだろうか。今晩また何度か挑戦してみよう。ニャッキ大好きよと何度も声を掛けている。にゃったん、たまには皆と触れ合いたいし、リビングにも行きたいよね。こんなに長い滅入る文章を読んで下さり有難う。

私は何をしているのだろう

2009-09-19 14:24:10

昨夜はニャッキが酸素室に入ったまま落ち着いたので、少し仮眠を取りました。ダーン！と何度か大きな音がして飛び起きると、ニャッキが酸素室の内側から体当たりしています。午前二時。慌ててドアを開けると、ニャッキはよろめきながら出てきて、リビングへと移動しました。ショックでした。自由に移動出来ないことがパニックになるようです。追いかけて様子を見ていましたが、ちょうど伏せていたので胸水を抜いてみることにしました。でも、何かが詰まっているのかどう頑張っても二ミリリットルしか抜けません。

呼吸が激しいニャッキを見て『せっかく家でも抜けるようにして貰ったのに』と悔しくて堪らなくなります。苦しいのか寝室に向かって歩き出したので、酸素室に入りたいのだと思い抱っこして連れて行きました。穏やかな終末期を過ごすために借りた機械です。使わない訳にはいきません。入る時は嫌がったものの、そのまま落ち着いたので酸素室内は呼吸が楽だと学習したと思います。

明け方、酸素室の中で動きを感じて、また一緒にリビングへ移動してカーテンと窓を開け、まだ薄暗い外の風を入れました。他の猫四匹もリビングに集まり、五匹揃って穏やかな朝を迎えました。不思議なことにニャッキは酸素室に居る時よりも呼吸が落ち着いているようでした。

しばらくすると、今度は暗い押入れに入り込みました。不要となった酸素濃縮器の電源を切り、いきなり静かになった部屋には、押入れから聞こえるニャッキの「シュッ・・シュッ・・」という呼吸が響きます。酸素室を借りたからと言って、穏やかな旅立ちが約束されたとは限らないのだと痛感しました。本能に従い、自ら落ち着く場所を見つけ、苦しさをやり過ごすのです。もう駄目なのだろうか。ニャッキはまだ一才と六ヶ月。ガンも克服し肺以外に悪いところはありません。どうにかならないのだろうか。暗い押入れの中からニャッキの目が真っ直ぐに私を見つめていました。まだ自分が死ぬとは思っていない強い瞳がしっかりと私を捉え、一回一回努めて息をしていました。生きることに対し、諦めもしていないし、苦しさと闘っている様子でした。

私はこの時、始めて安楽死の価値が判った気がします。愛する小さな家族を長時間苦しめて、終わりの見えないツラさを双方が経験しなければならないのなら、大きく苦しむ前に抱っこして眠るように逝って欲しい。ニャッキに「色々不自然なことしてごめん」と謝り、罪の重さを感じていました。

ところが、朝八時過ぎに猫達にフードを出し始めると、ニャッキが押入れから出て来て、皆と一緒にお皿の前に座りました。衝撃が走りました。この子はこの息でまだ食べようとしている。まだ死ぬ気なんかじゃない。既に逝くのを見届けるつもりでしたが、目が覚めた思いでした。自発的に食べようとしている間は死なせない。この状態ならまだ獣医さんへ行ける。「何度も苦しい思いをさせてごめんね」と謝りながら、突発的に車を出していました。車中、息が止まるといけないので、高濃度酸素をビニール袋に詰めてニャッキの顔の前で袋を開けながら声を掛け続けていました。

病院に着き、診療台に乗せられたニャッキはそこでまた失禁し、酸素マスクを付けられ、すぐに左右両方、計百五十ミリリットルの胸水が抜かれました。修羅場を越えた先生から「外科的手術に掛けてみますか?」と尋ねられました。即答は出来ないまでも、ニャッキが手術に耐えられるとも思えず、丁重にお詫びしました。既に胸水が抜けなくなったチューブも身体から取り外して欲しいと伝え、ニャッキは自然な姿に戻りました。針を外している間、看護師さんが酸素マスクを顔に被せてニャッキを撫でていたら、喜んでゴロゴロと喉を鳴らしていたそうです。楽になってホッとしたのでしょう。

帰宅後は、酸素室に入らずとも高濃度酸素が吸える方法を考え、酸素圧縮機から伸びる三メートルのチューブの先に、お手製の酸素マスクを作りました。

私は一体何をしているのだろう。今日の通院で旅立ちを振出しに戻したのだろうか。あの苦しみをまたやり直さなければ彼は死に行けないのに。でも、ニャッキは一年半前に私の部屋で生まれ落ち、私にとっては子供のような存在で、頭で理解しているようには彼の出発を受け入れることは出来ないのです。今も頭にチューっとすると喉を鳴らすグルグルの振動が唇に伝わってきます。安楽死は抵抗があって考えられません。心から納得していないとあとで大きく後悔します。安楽死を選べるほど強くないのです。でも、これ以上苦しませて命を引き伸ばすような残酷なことは出来ないことも判っています。ただ、病気が憎いだけです。

やはり感じる大きな幸せ

2009-09-19 22:52:16

ニャッキが近くでウロウロしてくれているだけで夢みたいに思える。もう酸素室にも入れていません。ご飯皿を置くと、近くに擦り寄ってくるニャッキ。細い身体の尻尾が私の足に巻き付く。でも、もうご飯もほとんど食べることが出来なくなってます。ニャッキはリビングが好きなので、私も近くに居られるように布団を持ち込みました。今晩中にどうこうなるほどの悪化はしていないので、私もゆっくり眠れそうです。早速私の近くで丸くなっています。昨晩は横になって眠れなかったからか、いまは穏やかに眠っています。そこに母猫ハナが寄り添い、更に幸せそう。こんな光景を見ているだけで、何も要らないほどの幸せを感じます。こうやってニャッキとハナと私で一緒に眠れるのも、もう最後なのかもしれない。

今日は自分がいかに思い詰めていたか判りました。ニャッキの命はニャッキのもの。私がコントロールするような言い方をして恥ずかしい。まだ通院が適うなら連れて行くし、無理なら寄り添う。病院が休診日なら運命として向き合おう。そう決めました。

ニャッキちゃん、お姉ちゃんが付いているから。

あなたの命に敬意を払って、最後まできちんと見届けるから。

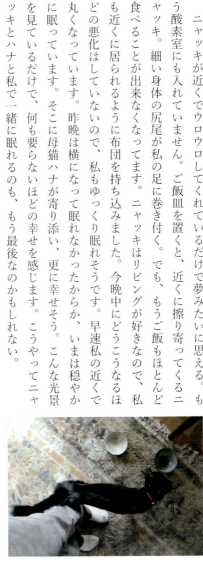

新たな展開か　2009-09-20 12:45:56

ニャッキは今もピクピクと痙攣しながら爆睡中。今日も落ち着いていたので、三十五ミリリットルの抜去と皮下点滴をして頂く。前回提案された手術について再度話があった。「ここまで頑張れる子なら、麻酔も耐えられるかもしれない」「手術するなら早い方がいいから、考えておいて下さい」と言われ、家族を相談するとお伝えして持ち帰らせて貰いました。

食べたくても食べないニャッキ　2009-09-21 15:37:04

今朝、迷いも大きかったので、白紙に片っ端から考えを整理してみた。まず、手術はしないことを決めた。ニャッキが全然食べられなくなっているから。食欲はあり、鳴いて催促もするけれど、いざご飯を出すとまるで食べられない。飲み込む時に苦しいのかもしれない。また、手術内容が二、三ケ月の延命に留まり、根本的解決を導くものではなく術中に命を落とす可能性もあり、そうなった時に後悔すると思い踏み留まりました。やはり逝くときはそばに居てあげたい。

では、手術をしないのなら、今後も通院で胸水を抜いていくかどうか。それは続けたい。ニャッキが持つのは恐らくあと二、三日。明後日は休診日なので、私も覚悟を決めてニャッキの死に向き合える気がする。果たしてその通りに行くか、自分が耐えられるかは疑問だけれど、それが頭を整理して出た答え。先ほどの通院で、また胸水を四十ミリリットル抜いて頂き、皮下点滴と鎮痛剤を入れて貰っている間に、手術は見送る旨をお伝えしました。

他の選択肢として「眠らせる」という話が出ました。私は今まで頑なに安楽死反対の立場をとっていましたが、先生に遠まわしに「この子を家で看取るということは、窒息死するのをそばで見ているということですから」と言われ、目が覚めました。老衰で眠るように逝くのならまだしも、息が出来ず苦しんでいる我が子に何もせず、何も出来ず、「家で看取った」と言って意味があるのかと。先週末は、ニャッキが本当に苦しそうだったのを見たではないか。耐えられずに車を飛ばして先生に診療時間前で見て貰ったのではないかと。

安楽死というものは、事故などで治療法もなく、苦痛に耐えられない状況である場合などはお願いしても仕方がないと考えていました。でも、ニャッキが呼吸困難に陥った状態も、それと変わりがないのではないかと冷静に考え、考えを改める時かもしれないと感じ出しました。

「自分の猫だったらどうしますか？」と聞くと、先生は少し考えてから「まず、我々は動物の命が短いことは最初から判っていますから」と冷静に答えました。それを聞いて、私にとってはニャッキが最初の看取りであるけれど、先生や看護師さん達は恒常的に動物の生死に関わっていることに改めて気付きました。私はニャッキが「本当に」この世から居なくなることを理解していないのかもしれない、と感じました。

「今まで重篤な子に沢山に関わって来て、治る可能性があったらとことんやるけれど、病名から最期が判るような子には、敢えて何もしなかったりする。でもニャッキの場合は体内に白血病ウィルスがあるわけだし、他の臓器をどんどん脆弱にしているだろうから単発で病気を患った子とは考え方も違うよね」と先生は続けました。「手術してチューブを埋めても実際胸水が抜けなくなる時期は必ず来るし、呼吸が苦しくなって逝くというシナリオは変わらないんだよね」と仰います。それを聞き、ニャッキにこれ以上無理をさせる気持ちが薄れていきました。先生には「最期に関しては明日まで考えさせてください」と伝え、病院を後にしました。

ニャッキは私が近くにいると安心するようで、傍を離れると目で探しています。頭を触るまだグルグルと喉を鳴らします。「ニャッキ！」と呼ぶとこちらを見ます。それでも、既に絶食状態に陥っていて、歩くのもままなりません。やはり限界なのだと思います。彼はもう終わりに向かっているのだと認めざるを得ません。私が強くならないといけない時も来ています。ニャッキという尊い命と関った人間として、一番後悔の少ない決断をしたいです。

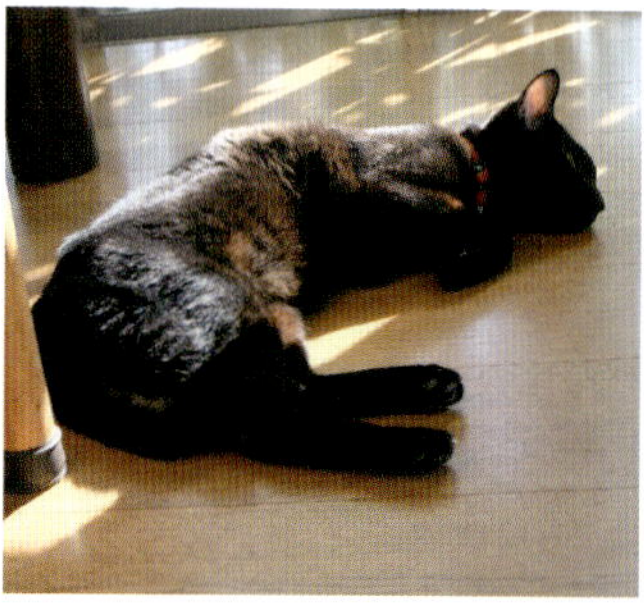

朝になりました

2009-09-22 05:37:52

朝五時になり空も白み始めたのでコーヒーを飲んでひと休みすることにしました。

夜の間、ニャッキの息は大きくは上がりませんでしたが、いまはかなりきつそうです。高濃度酸素のチューブを鼻先に置いていたので、苦しさは多少軽減出来たと思います。酸素室にはあまり入りませんでしたが、機械には助けて頂きました。ニャッキが朝まで持ちこたえられて良かったです。

私は今日本当にニャッキのことを考えて行動出来るのかな。幼い頃から人間が他の命をコントロールする立場であるのがよく思えなくて。命あるものは上も下もないという考えだから、「あの子のため」とかも好きじゃない。猫は人間と違って自分で死を選んだりする動物じゃないし、「死ぬまで生きる」が当たり前なわけで。そんななか眠らせるっていう決断を、私はこの先の人生どう納得しながら生きていくのか。

いま確かなのはニャッキはもうこれ以上苦しむ必要はないということ。頑張り抜いたということ。いまはそれで十分だと思っています。甘えん坊ニャッキは、夜中じゅう自分の長い尻尾を私に添えて安心していました。でも段々苦しくてきつくなって来たんだね。いまは触ると嫌がり、移動してしまいます。息がどんどん荒くなってきました。

ニャッキ、よくここまで頑張ってくれたね。本当にありがとう。心から愛しているよ。

苦しみのない世界へ

2009-09-22 19:39:20

本日午前八時五十分、ニャッキは逝きました。
一才六ヶ月十九日で、この世を去りました。
その内、五ヶ月は闘病生活でした。

今日は言葉になりません。

治療の一環だと思いなさい　2009-09-23 20:58:51

今朝、火葬に行ってきました。ニャッキが荼毘に付されるのを待つ間、近くのお店で目にして買ったシャボン玉を吹いていました。「秋空にのぼるニャッキがちょっとでも素敵な気分になるかな」なんて思ったんだけど、シャボン玉なんて久しぶりだった。何だか、あまりにも受け入れがたい現実で、理解するために待ち時間は一人でぼーっとしていたかったのです。ペット霊園でしたし、そこで眠る子達も喜ぶかもなんて、ひとりシャボン玉を吹いては空に昇る綺麗な色を眺めてました。

お骨を骨壷に納める間、ペット霊園の方に「この子は若かったでしょ？　まだ軟骨が成長途中で固まり切っていなかったものね」と言われ、成長段階で抗ガン剤を使い、ウィルスに太刀打ち出来ず死んでいったニャッキをただ悲しく思いました。それでも、帰りの車で骨壷を膝に置くと、不思議とニャッキがそこにいるかような落ち着いた気持ちになりました。

今朝までは亡骸が近くにあったので、何度もニャッキを目にし、身体に触れて、死を実感することが出来ました。ウィルスに蝕まれて、中をボロボロにされた身体なのに、毛並みは綺麗に黒光りしていました。横たわったニャッキの身体は冷たく硬く、もうそこにはニャッキの魂はおらず、近くをウロウロしているように感じました。それでも、火葬して帰るとニャッキの「元身体」が恋しくて、やはり気持ちにぽっかりと穴が開いてしまいました。

ニャッキは抱っこがあまり好きではなかったので、病院から連れて帰った後、まだニャッキの暖かい身体がしんなりと私の身体に沿って寄りかかってくれた時に、思う存分に抱きしめて愛しさに泣き続けました。

病院で私に抱かれて眠るように逝くのかと思っていた私は、スイッチを切ったように診察台の上で逝ったニャッキを見て呆然としました。ニャッキの死には美しい感謝の時間は伴わず、速さだけでした。あの光景は死ぬまで忘れないと思います。きっと何度も思い起こし、向き合うことになります。ひとつの命を私の決定で奪った罰だと思っています。

あの日の朝方、ニャッキは急変しました。あっという間に酸素チューブを当てずには息が続けられないくらいになりました。目もうつろになり、胸とお腹は呼吸のたびに大きく膨らみ、肩と頭を大きく上下させながら呼吸を続け、もう生きていく意志は感じられませんでした。

あのままだと午前中には呼吸困難で死んでいたと思います。でも、私は今まで充分に闘ってきたニャッキに、もがき苦しんで逝くようなことはさせたくなかった。今までなら「頑張って！　もう少しで病院開くからね！」と励まし、一緒に病院に駆け込み、胸水を抜いてホッとして帰宅する私達なのに、あの朝は「頑張って！　もう少しで病院が開いて、ひどい身体とさよなら出来るからね！」と、泣きながらニャッキを励ましていました。なんてひどい朝だったんだろう。ニャッキのこの世での時間が尽きているのは確かで、私の心は決まっていきました。

車内で酸素袋をひとつずつ破きながら、車を飛ばして病院へ向かう際、信号待ちの間にも命を落としてしまいそうで恐怖と闘っていました。でも本当はその信号待ちの時間だって、ニャッキとこの世で一緒に居られる時間が引き延ばされたと感じていました。病院へ着くと診察時間前であるのに先生が入口で迎えてくれました。先生は、私の決断が涙声であったために聞き取れず、再度聞き返しました。もう一度口にするのは躊躇われました。ずっと私が眠らせることを拒んでいると知っていたからか、手術を選ぶかもしれないと思っていらしたのか、一瞬驚いたような表情をされたように感じました。

あっという間に薬が用意され、ニャッキはすでに診察台で呼吸困難に陥り、私の心の準備もなく、瞬時に注射により旅立ちました。あの場で時間の余裕があって、もしニャッキと目が合おうものなら気持ちを強く持てなかったかもしれません。

突然動かなくなったニャッキを見て、診察台の前で私が泣き崩れると、先生がとても大きな声で「治療の一環だと思いなさいっ！」と強く諭しました。物凄く大きく強い口調で「楽にしてあげたんだからっ！　ねっ！　治療の一環だと思いなさいっ！」と再度言いました。私が今後の人生で自責の念に駆られると判っていたのでしょう。先生も今まで何度もニャッキの命は繋ぎ止めて下さったので、辛くないはずがありません。申し訳ない気持ちで私は泣きながら返事をして、先生の言った意味を心に焼き付けました。

色々な思いに襲われますが、いまはあの怒鳴り声に近いようなメッセージに助けられています。「あの日が峠だった。だから苦しみから解放する方法を取った」と。でも「ニャッキちゃん、お姉ちゃん本当にあれで良かったのかな」と問いかけずにはいられません。きっとずっと、私は問いかけて生きていくんだと思います。

ニャッキとの闘病生活は辛いことも多かったけど、神様が私にニャッキをよこしてくれたことは本当に感謝しています。

5
1 2
3 4 7 8 9
10 11 14 15 16
17 18 21 22 23
28 29 30

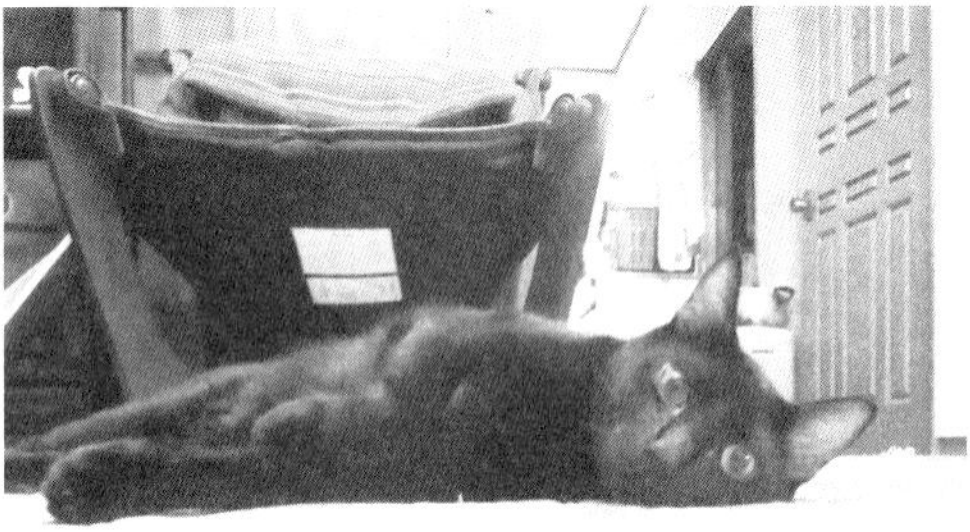

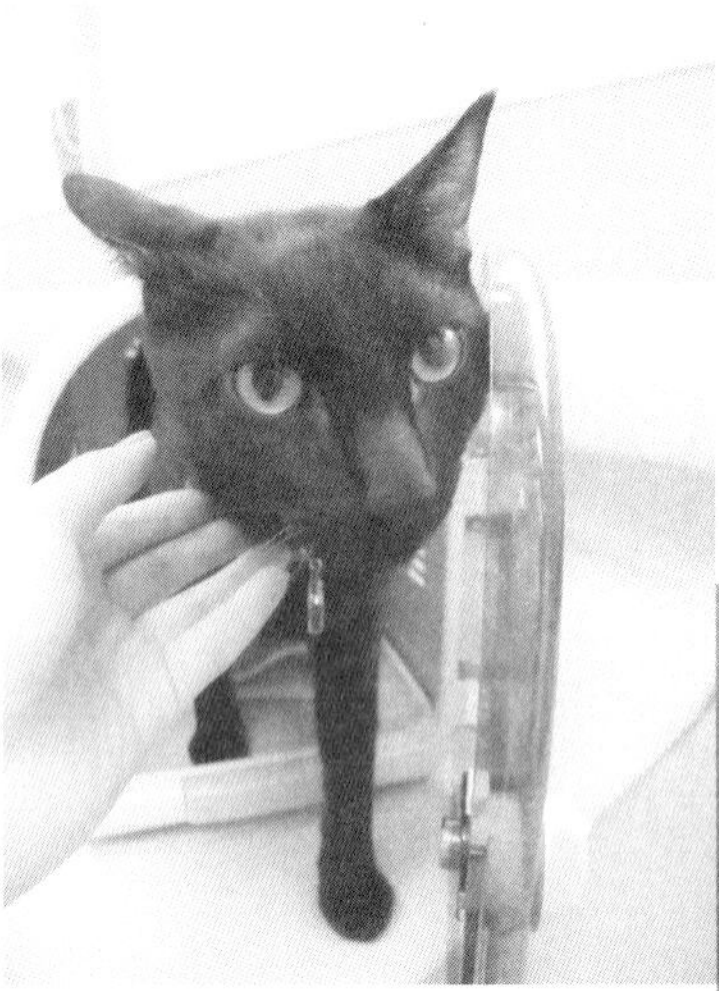

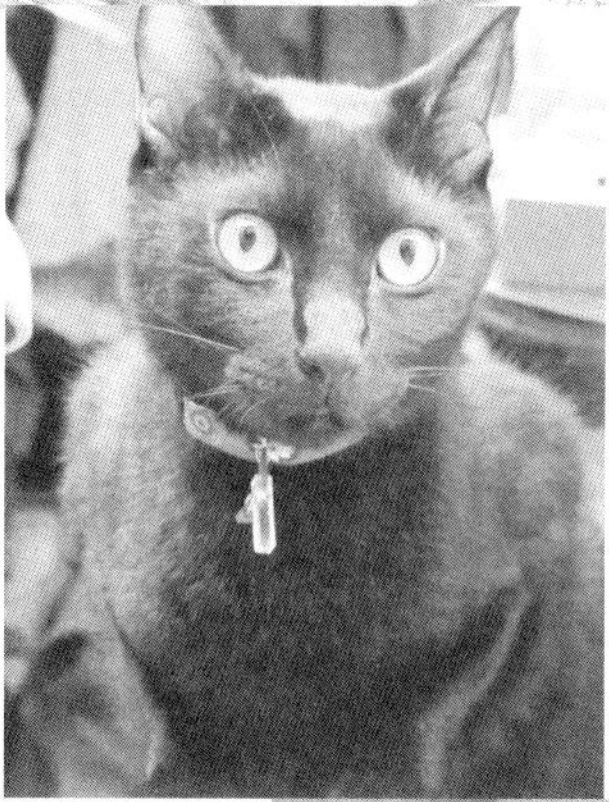

ニャッキが逝ってから

2009-09-26 19:24:46

ちょっと疲れが出たのかダウンしていました。先週まではニャッキの首輪の鈴の音がチロリとしただけですぐに起きたのに、今は身体が鉛のように感じて動けません。あれほどニャッキ中心で回っていた生活がパタリと止まりました。感情にフタをしているつもりはないのですが、メソメソもしていません。ただニャッキに会いたい。それだけです。会って触りたい。ニャッキが逝ってしまって四日。どこかにニャッキがいる気がしますが、姿は見えません。

ニャッキが死んでしまってからは他の猫達の様子が変でした。病院からニャッキの遺体を連れ帰ると、四匹の顔と身体が強ばるのが判りました。ぴょんはニャッキの匂いを嗅ぎ、じっとその身体を見つめていました。ひなこも動かなくなった弟の匂いを嗅ぎ、彼の隣に座って私を見上げていました。ザビはニャッキの遺体をひと目見て、ベッド下に潜り込み、後ろ向きで身体を硬くしたまま何時間も出てきませんでした。母猫ハナだけは普通に見えましたが、その晩は大きな声でうなされ、異様な長い呻き声に私も他の猫達も飛び起きてしまい、いつもは腰の重いぴょんがハナに駆け寄り、顔を舐めて起こしていました。ニャッキはイタズラっ子だったから寝ているハナの首に噛み付いて遊びに誘ったのかもしれない。猫があんな風にうなされることに驚きました。それでも、ニャッキが荼毘に付される朝には、ハナとひなこが伴ってニャッキの毛繕いをしていて、家族なんだなあと涙を誘いました。

霊園からお骨を持ち帰ると、ハナもひなこも私をじーっと見上げていたので『ニャッキが私に付いているのだろう』と思いました。彼らは私を見ては少し先へ逃げ、また振り返って見ては逃げを繰り返しました。ジャンボで透けてるニャッキだったら面白いのだけど。ザビはニャッキと連れだって遊んでいたので、今もまだ塞ぎ込んでいます。夜中に起きるとお骨の横にいるのを見たり、ニャッキが愛用していたソファの上にお座りしていたりするのを見かけます。

私は骨壷の前に座り、ニャッキの遺影に話しかけています。遺影は真っ直ぐこちらを見ているので、素直に話を聞いてくれてるように感じます。「どこにいる?」とか「ご飯美味しく食べてるの?」とか聞いています。一瞬であちら側に逝ったから、自分が死んじゃったことを理解出来ていないかもしれない。「今度は健康な身体を貰って、早くお姉ちゃんのところに戻って来なね」と話しています。ニャッキに恥じないように自分の人生を生き抜いてお空で再会を喜びたい。死ぬ時の楽しみが出来た感じです。

ニャッキの分まで

2009-09-29 15:53:51

先日、ザビを連れて通院しました。ガン治療で寛解を得た後、次の診療は三週前の予定でしたが、ニャッキの不調で見送っていました。病院に行ってニャッキの最後をフラッシュバックしないか不安だったのだけれど、病院の皆さんは言葉少なに、温かい雰囲気で私とザビを迎えて下さいました。

今日の検査でもザビのガン治療は経過良好と言われました。心底嬉しいです。良かったね、ザビちゃん。弟のニャッキの分も生き続けてちょうだいね。

神様がくれた花

2009-10-02 00:02:48

ニャッキが遠くに行ってしまってから十日が経つ。ニャッキが逝った時のことは、かなり辛い出来事だったからか、いまは思い出そうとしてもベールが掛かっている感じで、一部詳細が良く思い出せない。だから、辛かったけれどすぐに日記に残しておいて良かったと思った。いつの日か読めるときが来れば思い出せる。

ニャッキの写真を見返していて、ひなことザビに比べて圧倒的に写真の数が少ないことを知った。そして黒猫が故、カメラのピントが合いづらく、一匹で撮ったものもボヤけていたり、ひなこ達と写るとホワイトバランスが合わずに真っ黒な塊みたいに映っているものが多い。とても残念。

生前最後に撮った写真は、亡くなった日の朝に窓際の猫草の前にいるもの。その猫草はニャッキがベランダの雑草を食んでいるのを見て、慌てて購入した栽培キット物なのだけど、購入時に「生えるまで一週間」と読み、『ニャッキはそれまで持つかなあ』と考えたことを思い出した。その猫草はすぐに育ち、ニャッキがほとんど食事が食べられなくなっても好んで食べ

て、生前最後に口にしたのもこの猫草であった。だから、今でも遺影の前に備えているけれど、もしかしたら「もう草はいいからご飯ちょうだい」と言ってるかもしれない。

最近、黒猫がモチーフの商品をつい買ってしまうのだけど、自分の心を探ってみるとニャッキが居た生活を徐々に忘れて、居なくなった生活に慣れていく自分が嫌なんだということに気付いた。忘れたらニャッキに対して申し訳ないって。忘れたらニャッキが悲しい思いをするんじゃないかって勝手に思っているんだよね。でも、忘れていくというのは仕方のないことで、それが「死」であって「肉体を持たない」という意味だと本当は判っている。

とても綺麗に咲いている花でも、一番綺麗な時に茎がポキンと折れてしまうのがある。そういうのがニャッキだったんだと思う。花が咲いている間は短いし、終わりがあるから大事にする。うちの猫達は神様が私にくれた花束なんだなあと考えることにした。

そういえば、火葬の日にシャボン玉を飛ばしてニャッキの霊を慰めたこと。後に「シャボン玉飛んだ」というあの歌は、幼くして亡くしたわが子を思って、野口雨情がつくった詩だと知りました。あの日、何も知らずにシャボン玉を手にした私も、失った幼子の魂を慰めるためにしゃぼん玉が必要だったんだね。

いのちを考えた朝

2009-10-16 11:40:57

朝、猫達が一斉に家中を走り回る音を聞いた。開け放した小窓からスズメが迷い込んでしまい、四匹の猫達の野生を目覚めさせたようだった。こんな珍客は初めて。スズメは天井近くを右に左に飛び回った後、窓ガラスにぶち当たり床に落ちた。慌ててその窓を開けて表に出そうとすると、スズメは驚いて部屋の真逆に飛んで行き、追いかけたひなこに捕まってしまった。「ひなちゃん！」と大声を出して退散させたが、スズメはソファ裏の隙間に横たわって動かない。急いで捕まえて、守れなかった自分にがっくりしながら手の中にそっと包んでいた。目は薄く開けているものの呼吸が荒く、このまま手の中で息を引き取ってしまいそうだった。謝りながらとそっと撫でていると、スズメがパチッと目を開き、最後の力を振り絞って、私の手のひらから突如リビングへ飛び立った。

「ぎゃあああああああ！」と尋常でない大声を出して猫をスズメに寄せ付けないようにしたものの、時はすでに遅し。ザビが飛び掛かりガブリとやってしまった。私の声に驚いたザビは口からスズメを放したが、スズメはうつ伏せのままで右足は折れて動かない。死んでしまうと思っていたから手のひらで抱いていたのに。この上なく落胆した私は、スズメを両手で包み込んで表に出た。

家の前の空き地に向かい、土と草の匂いがするところに行ってしゃがむと、スズメは荒い呼吸をして一度目を開き、またゆっくりと閉じてしまう。目の前を二匹の白い蝶がヒラヒラと舞い、スズメを撫でながら、命ってこんなに簡単に奪われちゃうんだと大きく凹んだ。そしてスズメは少し動いたかと思うと、再び最後の力を振り絞り、柔らかい草むらへと飛び込んでいった。もう姿も見えず音もしなかった。あの中で息絶えてしまうんだね。うちの猫が襲ってしまい本当にごめんなさい。しかも、これから通院するザビに攻撃されて死んでしまうなんて、と命の儚さを考えてしまった。

そうなのです。ザビの呼吸が朝からおかしく、通院の準備をしていた矢先にスズメが迷い込んだのでした。ニャッキが寂しがってザビを呼んでるのかな。ザビに長生きさせてあげてね。

こたえてます

2009-10-17 23:02:54

ツライから文章にするのは嫌なのだけれど、書かなければ前に進めないので書きます。

ザビはガンの再発が確認され、入院治療となった。先生もザビが急変したことに驚いていたし、私も経過観察は怠らないようにしていたつもりだったので、異変に全く気付けずにショックも大きい。そして、ニャッキが逝ってまだ二週間。このタイミングでのザビ再発の知らせにひどくこたえている。青年のオスとして再び成長していくことが叶い始めていたし、再発はまだまだ先のことだと思っていた。

検査でザビの呼吸の荒さは、胸腺のガン腫瘍が心臓と肺を圧迫していることが原因だと判明した。今回は再発になるので、以前使用した

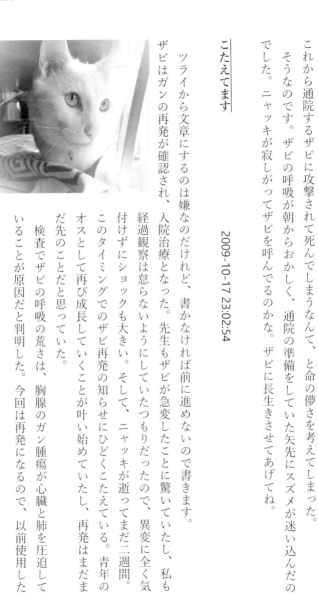

抗ガン剤には抗体が出来ていて、効き目が悪くなる可能性があると聞かされた。来週、今日注射投与をした抗ガン剤の効果を確認し、その次は違う強い抗ガン剤の投与が決まっている。「身体が持ち堪えられるギリギリのインターバルでガンを叩き続けて治療効果を期待しましょう」と先生は仰り、「万が一、効果が低かった場合は日本では未認可の新薬を投与してみる方法もある」とも言及された。その薬は再発時に効果的で副作用も少ないけれど、効かなくなると他に打つ手がなくなるそう。どんどん治療法が狭まり、選択肢が少なくなるのは恐ろしい。ニャッキとザビは兄弟だし、発症も再発も時期に差が出ないのは当然なのかもしれない。この再発の知らせは大きな悲しみでしかない。

ザビは三匹の仔猫の中で一番甘えん坊。穏やかな性格で長老ぴょんとも仲良くしているし、人間好きですぐに甘えてお腹を出す。同じ白猫で姉弟なのに、姉のひなこに比べて被毛はふわふわで、ひなこより少しだけ長くて柔らかく、それを存分に触らせてくれる。お腹に顔を突っ込んでも怒らず、それどころかどうぞとばかりにお腹を伸ばしてグルグル言って迎えてくれる。

この子があと数年も生きられないなんて。帰宅してザビのお腹の匂いを嗅ぎながらお腹を涙で濡らしそうになる。信じたくない。命ある間にどう生きたかだとは判っているけれど、おじいちゃん猫になってもずっと優しい声で甘えて、私のそばでグルグルと喉を鳴らして欲しい。まだ残されている治療法でどうにか命の時間を繋いで欲しい。

ひと月経って

2009-10-22 23:41:46

ニャッキにお花を飾っている時につい呟いてしまった。「ニャッキ、いつまで死んでるの?」と。「いつまで出張?」に近い感覚だと思う。こちらは大概会いたくなっているのに、全然会えない。自分だけパッとどっか行っちゃってさ。ひどいよ。

こちらを見る平らなニャッキを指で撫で撫でしていると涙がこぼれて来る。ザビの再発もあり、もう何だか悲しいことだらけ。みんな悲しんでるんだよ。ハナなんて私がニャッキの動画を見始めたら、ニャッキの声がした途端に家中探し始めたんだから。

ふと『猫って悲しい時はどうするんだろう』と思った。人みたいに涙を流せないもの。本当にみんなとても悲しい思いを抱えて生きているんじゃないか。泣けないのは辛くないのかな。

ザビが再発して気持ちを切り替えなくてはならなくなったからかニャッキが逝ってしまってからひと月以上は経過した気がするよ。大変な時は毎日が印象深くて記憶に残りやすいけれど、平凡な日は心に残らないものね。

ニャッキちゃん、あなたはあちらの人として年齢を重ねていくのね。

ペンキ塗りと悟り

2009-10-25 21:32:22

来月からの住処となる家の天井にひとりペンキ塗りをしながら、色々なことをひとり考えていた。昨日の通院では、ザビはキャリー越しに判るくらいに震えていた。鼻と耳は緊張で真っ赤にして肉球に汗をかくほど通院を嫌がっていた。レントゲン検査で胸部の腫瘍は小さくなったものの、右肺に曇りがあると判り、リンパ種が入りこんでいるかもしれないため、一か八か強い抗ガン剤を使った。

翌日はねずみのおもちゃで遊ぶひなこに触発され、一緒に遊び始めたが、急に遊ぶのをやめて激しく肩で息をし始めた。ショックだった。ザビはなぜ自分が苦しいのか理解出来ない様子で、四つ這いなり、私の顔を見つめてから静かに目を閉じてしまった。

すぐにザビがお空に逝っちゃうとは思っていない。でも、ニャッキが逝って間もないだけに、苦しそうな様子を見ると胸が張り裂けそうになる。ニャッキの死を通して、何をどう時間を掛けてやっても、救えない命は救えないと知った。生きていればいつかは死んでいく。我々も死ぬのだけど、守りたい命が目の前で早く終わりを向かえるのは耐えられない。では、十年以上生きればその先いつ死んでしまっても構わないのかと言われればそうでもない。いつだって別れは悲しいことは確かなのだ。要は飼い主の私にはそれに向きあう役目が与えられているということで、一緒にいる間どう愛してあげて、どう不安を受け止めてあげるか。そんな思いが尽きることなくぐるぐると回る。

ザビはどうして欲しいんだろう。ペンキ塗りをしながら考えていた。換気のため入口を開け放していると、表の猫が入って来て近くまで寄って来る。そして横で無邪気に寛いでいる。ニャッキやザビのことがショックな中、どの命も大切なのだと感じる。猫は深い。猫という生き物にどれだけ教えられているか。早く作業を進めてザビと一緒にいたい。猫の一日は人間の五日分。リンパ腫の猫は治療しても二、三年。じゃあ、最大の三年は生きて貰う。そう、ザビはまだまだ生きるのです。

いきものみんな

2009-11-01 23:45:42

最近命についてよく考える。昨夜、ザビに飲ませる抗生物質の数が合わず、猫用薬箱を探っていた時にニャッキの名前の書かれた処方薬袋を目にした。ニャッキには飲み終えることが出来なかったステロイドや抗生物質があって、目的を失ったその薬をしばらく眺めていた。やれることは全てやったつもりだけど、亡くしたことを受け入れるのは時間が掛かる。

昨日、昼休みに散歩に出たら赤とんぼが近くを飛んでいた。少し弱っていたのか、止まるところを探していたようだったので指を立てたら止まってくれた。風に飛ばされないように、一生懸命に細い足で私の指に捕まるのだけど、指がくすぐったくて、その感触に『生きてるんだなあ』と思わず微笑んだ。すぐに飛び立つかと思ったら全く動かず、トンボを止まらせたまま横断歩道を渡って散歩を続け

た。ちょっと弱っていたし、今頃はもうお空に引っ越したかもしれない。これも立派な一期一会。あたしがお空に行った時に、「その節はどうも」なんて背中に乗せてくれたら嬉しい。

ザビちゃん続く抗ガン剤治療

2009-11-14 23:27:18

先週は一週前に使用した抗ガン剤で肺に入り込んでいたガンが消えたと判り、病院の皆さんとも喜び合い、治療に耐えたザビを労った。今日も抗ガン剤治療だったが、採血でリンパ球が多いと判り、レントゲンでは肺上部が白み掛っていて血管がよく見えないと聞いた。毎回の治療にハラハラする。

ザビは、三ヶ月後の誕生日に二歳を迎えられるのだろうか。ニャッキは皆で丸くなって暖かく過ごせる幸せな冬を一度しか経験出来なかった。やっぱり若くして死ぬのって凄いむごいと思う。

ふーふ喧嘩

2009-12-07 23:43:19

久々の夫婦仲たがい。夫の友人が地方から出て来るので我が家に泊めるという。前日の夜中に急に言われて慌てる。タイミングが悪い。その日はザビの三週毎の抗ガン剤治療が予定されていて、強い薬を使う入院治療なので帰宅後は安らかに休ませたい。「泊まりは良いとして、せめて夕飯は外にしない?」と提案しても、夫は家で料理を振舞うと言って譲らない。彼は友がより大切。私はザビがより大切。仕方がないことだけれど、溜息が出る。

翌朝、診察開始時間と同時に獣医さんに電話して状況を説明する。「ストレス的に大丈夫なら予定通り今日連れて行きますし、週明けの月曜でもこちらは良いのですがどうでしょうか」と聞くと、先生は「うーん」と悩んだ後「月曜にしましょう」とひと言仰る。ふぅ・・。治療当日のキャンセルになり大変申し訳ない。そうと決まったら私も慌てて月曜の有休申請をする。

そして、月曜朝、ザビが見当たらないと思ったらベッド下の隅に縮こまっていた。通院日を変えたのに動物の勘は鋭くて驚く。レントゲン検査で肺前方に白く濁ったものが映り、それが癒着なのかリンパ腫なのか明確には判らない。「この子朝食べた?」と先生に聞かれてしまうほどザビの食が細くなっていることも確認された。予定通り一日預けて、強い抗ガン剤投与が始まった。

夕方のお迎え時には受付で挨拶しただけで、奥の入院室から「んにゃお!んにゃお!」と必死に呼びかけるザビの声がする。不安だったのか、触ろうとする看護師さんに向かってケージの中かシャーっと威嚇をしたかと思うと、すぐにゴロゴロと喉を鳴らすなど気分のムラも激しかったらしい。私はザビがシャーなんて言うのを聞いたことがないので不思議な気がする。

帰宅後は懇々と眠り、一日入院での治療ストレスがかなり大きかったことが伺えた。過酷な治療を受けているから、家ではストレスフリーにしてあげたい。治療日の変更が出来て良かった。

くにたち日曜日

2009-12-14 00:42:31

　今日は久しぶりに私の育った東京国立へ出掛けて来た。散歩中に、学生時代にアルバイトをしていたカフェに寄ると、お店は閉店しており赤いバラの花束がドアに置いてあった。マスターは昨年末に他界、ママさんもその半年前の夏に亡くなったと聞いていた。覗きこむと暗い中いまだ多くの鮮やかなランプが吊るされた店内がぼんやりと見えてくる。地球上のどこを探しても二人はいないのだと思うと不思議な気がした。必ず死ぬ日って来るんだね。人も猫も私だって。マスターとママさんは死ぬ時どう思ったのかな。私はどう思うのかな。すると、途端に早く帰って闘病中のザビを抱っこしたくなるのだった。

親愛なるアモーちゃんへ

2009-12-14 21:02:14

　我が家から少し行ったところに河川があり、沢山の野良猫や地域猫達が集っている。そこから我が家のエリアに流れついて来る子がいる。日本猫もいるが、洋猫の血を引く大柄な長毛種も多くいる。

　アモーちゃんもその流れだと思う。飼い猫ではない。二年ほど前に初めて見かけた時は、近所のアパートの花壇で丸まっていて、そこを拠点にしているようだった。私はアモーちゃんの身体の大きさと堂々とした様子にひと目惚れをして、ぴょんの散歩の際に訪ねに行くようになった。会えない時の方が多かったが、ぴょんに「居ないねえ」なんて言っているとすぐ近くにうずくまっていたり、植込みからそろりと出て来たりして我々を驚かせた。リード散歩中のぴょんと道で正面から鉢合わせた時には、横綱対決さながら二者会談を始めた。近隣の幼猫の側で、保護者のように寛いでいることも目にした。とても陽気ないい猫で、呼ぶと「ニャン」と鳴いて走り寄り、頭も撫でさせてくれた。愛らしさにマイシェリーアモールという曲が浮かび、アモールを取って「アモーちゃん」と勝手に呼んでいた。アモーは誰もが認める地域のボス猫だった。

そして私にとってアモーちゃんに感謝しきれないことは、今は亡き黒猫ニャッキが二日間脱走した際にアモーちゃんと一緒に我が家の玄関口まで帰宅したことだ。アモーちゃんがニャッキを連れ帰ったわけではなく、ニャッキ用に置いたフードの匂いに釣られて来たのだとは思うけど、アモーちゃんが階段を上がって玄関口まで来たのはあの時が最初で最後だった。『おたくのとこのチビちゃん、迷子になってたよ』とばかりにそこに座っていたのがとても不思議に感じた。目の前のチビ猫のニャッキを威嚇することもなく、穏やかな様子で紳士的な態度だった。

そんなアモーちゃんが、今朝死んでしまった。突然、逝ってしまった。出勤直後の会社のデスクで母から電話を貰った。「アモーちゃんがはねられて死んでる」と。「えっ?」と言ったまま、しばらく言葉が見つからない。いつはねられたのか、ひどい状態なのか、誰か事故に遭ったアモーちゃんをみてくれる人はいるのだろうかと頭を巡った。息を切らしながら話す母は、出勤途中に歩きながら電話をしているらしく「どうするの？」と私に聞く。半ばショックでボーッとしていた私は「と言っても、保健所だよね」と応える。会社をすぐに抜けられるわけもなく、そして仕事に向かう母に出来ることは何もなく、まだ家にいるかもしれない夫に慌てて電話した。

母との電話を切ってから悲しみが波のように押し寄せ、夫が電話に出た時には完全に涙声になっていた。「アモーちゃんがはねられて死んでいるんだって。すぐ近くだから見に行ってあげて。ダンボールに入れてうちに連れて帰ってくれないかな」。すると夫は飛んで行ってくれた。どういう悲惨な状態かも判らないのに、こんなに大変なことを頼んで本当に申し訳ない気持ちで一杯だった。

夫に亡骸の回収を頼んだものの、その先どうしようか考えていた。役所・・。アモーちゃんは首輪をしていない。あの猫にご飯をあげる人はいたかもしれないけれど、「私が飼い主です」という人はいない。アモーちゃんの弔いはどうしようか。役所にお願いしても良かったが我々で弔ってあげたい気持ちになっていた。夫から連絡が入り、彼もペット霊園での火葬を考えていたようだったが、午後から仕事なので火葬までは立ち会えないという。結局、私がどうにかするしかなく、そして最後まで見届けたく、霊園に電話を入れた。当日午後三時半から火葬予約が取れたので、会社には急遽午後半休をお願いした。

亡骸は夫が先に霊園に運んでくれることになっていた。会社から霊園に直行する途中、アモーちゃんに似合いそうな花を買った。電車とタクシーを乗り継ぎ、アモーちゃんの元へ急ぐ。霊園に着くと、アモーちゃんは庭続きの吹き抜けの霊堂の中に安置されていた。まるで眠っているかのようだった。ただ、口からは出血した痕があり、片目は開いていた。私は硬直したアモーちゃんを膝に乗せておいおいと泣いた。車には気をつけなくちゃでしょ、バカだね、何をやってるの、駄目じゃないアモーちゃん、と事故に遭ったアモーちゃんを叱った。まだ微かに暖かいお腹側の体温を膝に感じながらしばらく泣き続け、あとはアモーちゃんがアモーちゃんであったことに感謝し続けた。火葬予約まであと三十分となり、箱に入れて花を散りばめた。作業が終わると声が掛かった。思う存分お別れが出来て本当に良かった。霊園の待合室ではペットの火葬にいらしたご夫婦が私とアモーちゃんを遠くから見ていたようで「彼らは我々のココにずっと生きてますからね」と自分の胸をドンドンと叩いて見せてくれた。そうだ。姿は見えなくなっても記憶には鮮やかに残るはずだ。

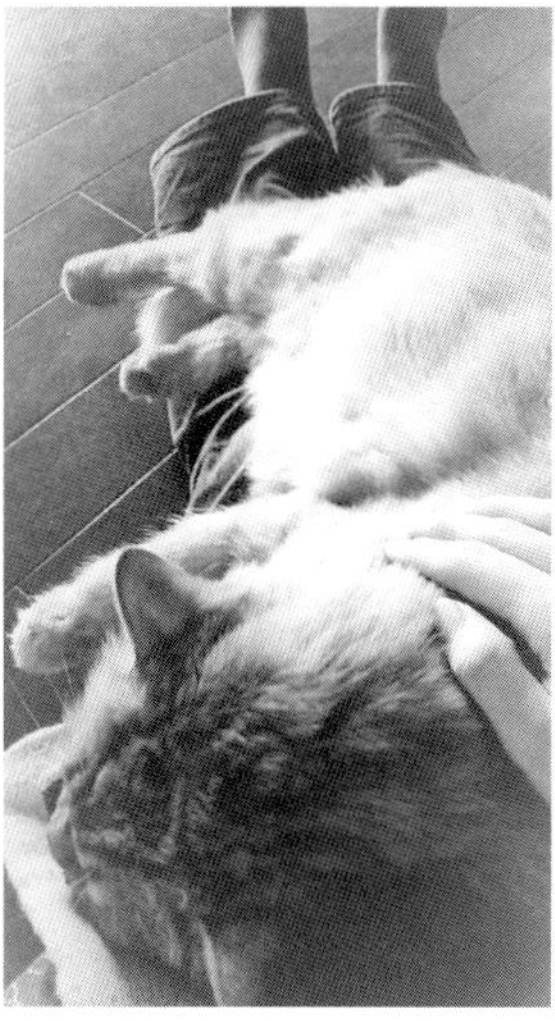

　帰宅後、地域でアモーちゃんの姿が見えないことに心配する方もいるかもしれないと、アモーちゃんが拠点にしていたアパートの掲示板に「以前こちらによく寝ていた猫は今朝交通事故に遭ったので、火葬致しました」とメモを貼った。事故直後のアモーちゃんを母が見つけたこと、夫が家に居て対応が出来たこと、私が火葬に立ち会えたこと、どれをとっても偶然とは思えない。アモーちゃん、痛かったし驚いたね。今度はお姉ちゃんのとこに戻っておいでね。

アモーちゃん　あとからわかったこと

2009-12-16 23:53:47

夫が事故直後のアモーちゃんをダンボールに入れて玄関先まで連れ帰った際、うちの猫達はパニックになったらしい。血の匂いがしたからだろうか。猫の繊細さには驚く。

アモーちゃんが近所を歩くのを目にすることがなくなり、彼の死が現実だと痛感する。抱っこして泣いたあの日は夢の一片であればと望むが、悲しい記憶は反芻して自分の中に取り込んでいくしかない。病死と違い、事故死は死に対する心の準備がないのがとても辛い。

あの日の出来事をあとから母と夫に聞き、見えてきたことも多い。母が急ぎ足で駅に向かう途中、車が道路脇に寄せられてその横に幼児二人が立っているのを見た。すぐ近くに幼児の母親と思われる女性が縁石近くに横たわった茶色の猫の顔にティッシュをかぶせていた。母は猫がはねられたのだとすぐに状況を察して通り過ぎたものの、急にその大きな茶色い長毛猫はアモーちゃんなのではないかと胸騒ぎがして戻った。近付いて見ていると毛並みからアモーちゃんだと判り、道についた血痕からアモーちゃんが他の車に轢かれてしまわないようにと、その女性が道の中央から縁石まで引きずって移動したことが伺えた。女性に「もうどこかに連絡されましたか？」と聞くと、顔を強張らせて「まだなんです。どこに連絡したらよいかわからなくて」と言ったと言う。母が「保健所ですね。連絡はこちらでしておきましょうか？」と言うと彼女は頭を下げて立ち去った。母は、いきなり飛び出してきた猫を撥ねてしまい本人もショックだったろうに、顔を白い布代わりにティッシュで覆うなんて心の優しい人だと感心し、急ぎ足で駅に向かいながら会社にいる私に連絡して状況を教えた。

かたや、うちの夫は私が会社へ出掛けた後、家の前をアモーちゃんがお喋りしながら歩いて行ったのを聞いている。その後、猫同士の喧嘩する声を聞いた。それから程なくして私から電話が入り、アモーちゃんが事故で死んだと知ってショックを受けた。猫の喧嘩を聞く度に、私が仲裁しに出て行くのを見ている彼は『自分があの時止めに出ていたら、アモーちゃんも車道に飛び出さなかったかもしれない』と考えてしまった。夫がアモーちゃんを保護しにダンボール片手に家を飛び出すと、路肩に顔にティッシュが掛けられた猫の亡骸を目にする。道の中央にはかなりの血溜りがあったが、アモーちゃんの身体は綺麗で驚いたという。霊園に亡骸を預ける際に、夫と霊園の係りの方が一緒にアモーの顔についた血などを拭いて、キレイに整えてあげた。霊園の方は、アモーちゃんの身体の下にクッションと口からの流血にはタオルを敷いて下さったという。三か月前に亡くなったニャッキの話になり霊園の方は「ニャッキちゃんが寂しくて呼んじゃったのかしら」とポツリと言ったという。

夫はこの「寂しくて呼んじゃった」というセリフがやけに気になり、そのまま仕事に向かうはずが一旦家に戻り、日中は外で遊ぶ母の飼い猫のミケコを捕まえて、部屋の中に閉じ込めてから仕事に向

かったという。「アモーちゃんが仲良しだったミケコを呼ばないように」という気持ちが働いたらしい。死は非日常の出来事だが、その死に触れたことで普段よりも敏感になったのだと思う。夫は私と一緒になってから猫に触れた人間なので、以前は猫に対する思い入れは薄かった。それなのに道で息絶えたアモーちゃんを抱き上げ、うちに連れ帰り、霊園の方と一緒に旅立ちの準備までしてくれた。この「死」に対する直接的な経験は、ここ数年に経験した死の中でも現実的で重く感じたという。

アモーちゃんのお骨は巨体にもかかわらず、一才半で逝ったニャッキよりも少なかった。そして、アモーちゃんは頭蓋骨も背骨も折れていたと判った。霊園が用意してくれた骨壷カバーは、お菓子の詰め合わせのような可愛い青いプリントだった。帰路の途中、花屋に寄った際に店員さんから「可愛いですね。お菓子ですか？」と聞かれた。「あ、お骨なんです。今朝方、猫が事故で死んじゃって」と支払いながら答えると、まさか骨壷とは思わなかったようで動揺していた。死はもっと丁寧に扱われるトピックなんだなと言ってから反省した。

帰宅途中にアモーちゃんの事故現場を通った。怖かったけれど、アモーちゃんの死に向き合わねばならなかった。夜道の暗い中でも路面に大きく血溜りが残っているのが判り、ここで命が絶たれたと誰しもが容易に推測出来る状態だった。一旦家に帰ってバケツの水とデッキブラシを持ち、掃除をしに戻った。ヘッドライトの合間を縫っての作業。私がここで事故に巻き込まれたらシャレにならない。掃除しながら、ここはアモーちゃんの縄張りではないはずだと考えていた。夫が言うように、縄張り争いをしていて、相手を追いかけて大通りに飛び出したとしか思えない。嘗ては人に飼われていただろうあのゴージャスな猫は、野良猫になって自分の縄張りを主張する生活を強いられ、最後は喧嘩相手しか目に入らず、知らない道に飛び出してはねられたと思う。悔しいばかりだ。

その晩、私が寝床につくとぴょんがベッドに入ってきた。私の腕枕で寄り添うぴょんは、顔を私に近づけて私の頬を舐め始めた。「あれ？ 珍しい」と思う。ぴょんは人の顔を舐めたことがない。しきりに舐めているので『これはアモーちゃんか？』と思った。そうすると、ぴょんを撫でていても、ぴょんの毛がフサフサな気がしてくるのだった。あまりにも精神的ショックが大きな一日で頭が覚醒していたが、お礼をしてくれているかもしれないという心地良さに、段々眠気が降りてきた。

ひなことハナの近況

2009-12-25 01:08:04

最近のひなこは私の皮手袋がお気に入りらしく、いつも咥えて部屋中を走り回っている。取り上げると不満そうに「ウニャー！」と見上げて文句を言う。袖口をちゅぱちゅぱと吸って味わっている為『なんだかみすぼらしい見かけになったなあ』と思うのだけど、引き出しに片付ける気にはなれない。目の届かない場所に置いても、匂いで判るのかまた咥えて部屋の中を走っている（笑）。まあ、ひなこがそんなに好きなら、手袋は他にもあるので許しちゃう。また、彼女は出窓も好きで、私の出社時には出窓に走りこみ、「行ってくるよー」と声を掛けると、中から「ウニャー！」と叫んで頭をゴチゴチとぶつけている。思わず中に入って撫でたい衝動に駆られるけれど、我慢して会社に出掛ける。

ハナは、先日の通院でまだガンが発症していないことが確認出来た。ニャッキの月命日だったので『お母さんはまだお空に来ないで』と言っているのか。でも、その時の通院が嫌だったのか、触ろうとするとパッと距離を置いて逃げる日が数日続いた。病院でひどい便秘だと言われたので、今日はとっ捕まえて下腹をモミモミした。イタ気持ちいのか、微妙な声を出すハナ（笑）。ハナは小柄で真ん丸なんだけど、腰椎が六個しかないそう。異常じゃないけど、普通腰椎は七つだからハナの大腸がコンパクトにまとまる必要があり、便秘になりやすいんですって。レントゲンで何でもお見通しだ。

逃走ザビちゃん

2009-12-26 23:05:34

ザビを年内最後の抗ガン剤の点滴治療に連れて行った。採血の際に先生に「随分、血管が硬くなってるね」と言われた。どういうことなのか尋ねると、抗ガン剤の度重なる投与により、右前足の血管の伸縮がなくなっているということらしく、今日は左前足から抗ガン剤を入れる処理をした。

夕方お迎えに行き、看護師さんが留置針を外すため入院ケージから出すと、ザビが点滴のチューブをつけたまま、私のいる待合室のソファ下に逃走して来た。「ウェー！」と鳴いてソファ下で縮こまるザビに、上から声を掛けると「アレ？　おねーしゃんがいる！」と見上げてちょっと気を許す。その隙にひょいっと確保する。留置針から血が逆流してしまい、待合室の床には鮮血がポタポタと垂れる。あーあ、ザビちゃんバカチンだねえ、そこまで怖がらなくてもいいのに。

ザビは、三週前よりも心臓膜あたりにモヤっとした影がある。典型的な胸線のガン腫瘍には見て取れず、採血でも問題がなかったため、先生をとても悩ましたよう。抗ガン剤の持続効果が短いのか、他種の抗ガン剤に切り替えが必要なのか。どちらにしても年明けにまたレントゲンで確認させて下さいとのことで、新年は七日に連れて行くこととなった。

おおみそか　　2009-12-31 03:02:33

今年は、猫の看病に始まり猫の看病に終わった。スケジュール表を見て、二月から毎週土曜は通院していたことに驚いた。自宅で朝晩の投薬もあり、猫中心の一年にならざるを得なかった。

六月末から胸水が溜まり始めたニャッキは三ヶ月で逝ってしまった。出来ることは全てやったけれど、神様は容赦なく大切な命を連れて行ってしまうのだとも悟った。そしてニャッキの死を越え、二週間後にザビが再発した時は、心が引き裂かれそうなほどの悲しみと闘った。

今年はニャッキを失ってつらいけれど、同じ病のひなことザビは年を越せるし、ハナはまだ発症していない。肝臓を患うぴょんも安定している。みんな幸せに私の元で生きているし、私も夫も彼らから幸せを貰って生きている。病気だろうが元気だろうが、こうやってみんなが『しあわせだにゃあ』、『しあわせだねえ』と感じながら毎日を積み重ねていければ、それでいいんだと思う。

それでは、どうぞ良いお年をお迎えください。　キャット家一同より

The Asahi Shimbun
Kitajima grabs 200-m gold

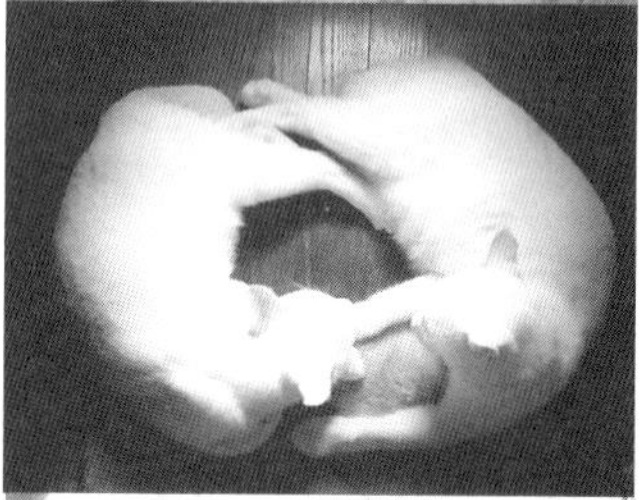

ザビちゃん、年明け初通院　2010-01-07 12:04:10

年も明けて寒い日が続く中、みんな落ち着いている。特にザビは、追いかけっこや猫じゃらしで遊べるほど余裕が出て、ひなことも取っ組み合いの喧嘩をしている（負けてますけど）。

今日は年末に投与した抗ガン剤の効果を見るための通院だったが、問題だったザビの肺上部はキレイになっていた。喜んでいる私に先生が「いや、良くないんですよ」と一言。「抗ガン剤を入れて前回よりクリアに映っているということは、抗ガン剤が効いた＝ガンがあるということなのです」と。

そうか、やはりガンが身体を蝕んでいたんだと深い溜息。ザビは相変わらず病院が嫌いで、レントゲン撮影時に暴れて、看護師さんの腕から飛び出し、捕物帳になったと聞いた。二、三週毎の一日入院治療より、毎週の注射投与の方が本人のストレスも減るけれど、効果が確認出来た強い薬の入院投与が続きそう。それが二週おきではザビにも負担なので、三週おきの投与でも同じ効果が得られるのか、今週は無治療で帰宅して来週末に再診療と決まった。

ちなみに今日は検査結果待ち中にザビが過呼吸になってしまい、初めてのことに不安を感じていたら「病院に来る間に緊張して、沢山空気を飲んじゃって、内臓にそれが溜まって横隔膜を圧迫するから過呼吸になるんだよね」と教えて下さった。そこで思い出したのが、昨年九月の休

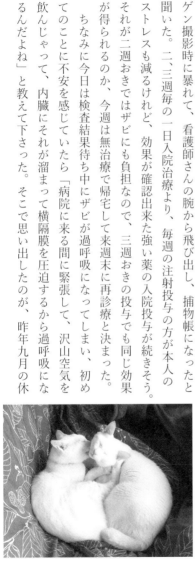

診日、ニャッキを急患で他院に連れて行った時のこと。『そうか。あの時ニャッキはレントゲン撮影で暴れて大変だったと聞いたけれど、呼吸が苦しい中、移動中も緊張して空気を飲み込んでいたんだ。息も出来ないのにレントゲンで押さえられてパニクったんだ』と、あの日のことを振り返り悲しい気持ちになった。

猫の散歩

2010-01-08 08:30:27

おはようございます。昨晩はぴょんを散歩に誘いました。やはり家猫でも外の空気や縄張りの確認をしたいんでしょうね。久しぶりにリードを取り出すと、ぴょんの眼がランランと輝き、あちこち近所を三十分ほど歩きました。帰宅後は満足したのか、スっと眠りに就いたぴょん。今朝も玄関先に座りこみ表に出たそうにしていたので、特別に朝の散歩に連れ出しました。するとベランダでゆっくりしていたハナが、ぴょんの姿を確認するなり駆け寄って来ました。ぴょんと一緒に散歩が出来ることが嬉しいのか、ぴょんの周りを走り回ります。

二匹と一人で、家の前でキャッキャとやっていたら、「ウラヤマヂー！ニャー！」というひなこの声が聞こえて、出窓からザビと一緒にこちらを見ていることに気付きました。

白猫二匹の寄り添い通院　2010-01-16 23:09:15

空気がカリンコリンに凍っています。今日は、ひなこの経過確認とザビの抗ガン剤治療の日。先週ザビが興奮して過呼吸になりご迷惑をお掛けしたので、少しでも落ち着いて通院出来るようにとひなこと一緒のケージに入れて向かいました。二匹ピッタリ寄り添っていたことで怖さも半減したようで、診察もレントゲン撮影も興奮せずに進みました。

ひなこは再発もなく順調。一方、ザビは胸腺にリンパ腫が出来ていました。先週のレントゲン写真では小さかった白い影が今週は大きくなっていて、「前回見落としたかなぁ」と先生もショックそう。とはいえ、血液検査ではガン腫瘍による白血球数に所見はなく、異型リンパも出ていません。そのまま予定通り強い抗ガン剤の入院投与となりました。

前回も言われましたが、ザビの血管硬化がかなり進んでいるらしく、前足に針を留置するのが困難なため、今日はついに後ろ足を使っての投与となりました。先生も「これからどうしようかねえ」と溜め息をつきます。抗ガン剤は漏れるとその部分の組織が腐ってしまうため、前足の留置では伸縮性包帯での固定で済むものの、後ろ足は前足よりも動かすためにテーピングと包帯でしっかり固定しなければならないそうです。それはザビにとって大きく負担になります。

お迎えの夕方六時まで、家でザビの気持ちに寄り添いながら待っていました。人間でも長く感じた一日だったから、ザビにとってはより長い一日だったでしょう。迎えに行くと、緊張でお鼻を真っ赤にさせたザビがいました。帰宅後は思い切り抱きしめて甘えさせてあげました。

日中の疲れでガッツリ眠るのかと思いきや、帰宅後も台所に立つ私の側を離れませんでした。怖い思いしたから不安なんだ。せめて、怖くてもあそこに行くとそのうち元気になると学んでくれたらいいのですが。来週にはガンがキレイになくなっていますように。

ぶんこつさんこつ

2010-01-20 01:50:14

思い切ってニャッキのお骨を分骨した。お骨は骨壷に入ったまま四ヶ月が経とうとしていて、ずっとこのままにしておく訳にも行かないし、近年中にニャッキを追う子達もいるわけで。ずっと一緒にいたいから分骨して小さな器に移し、残りは散骨しようと考えていた。

どのような器がいいのか悩んでいたら漆器を扱うお店にて良い品物に巡り逢えた。実際は薬味や宝飾品を入れる小さな漆器。「陶器よりも冷たくなくていいんじゃない？」と母の言葉も後押しした。確かに中に納められた骨も寒くない。決め手は三段の器だったこと。これなら三匹の姉弟猫のお骨をひとつの器に入れられる。彼らもずっと一緒だし、私が今後どこに行っても一緒に連れて行ける。

骨壷からまずは細かい骨を選んで収めた。残りはゴリゴリと挽いて粉状

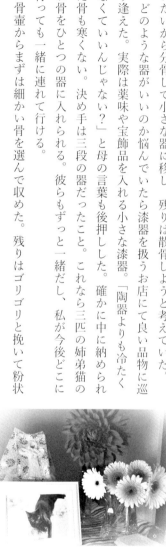

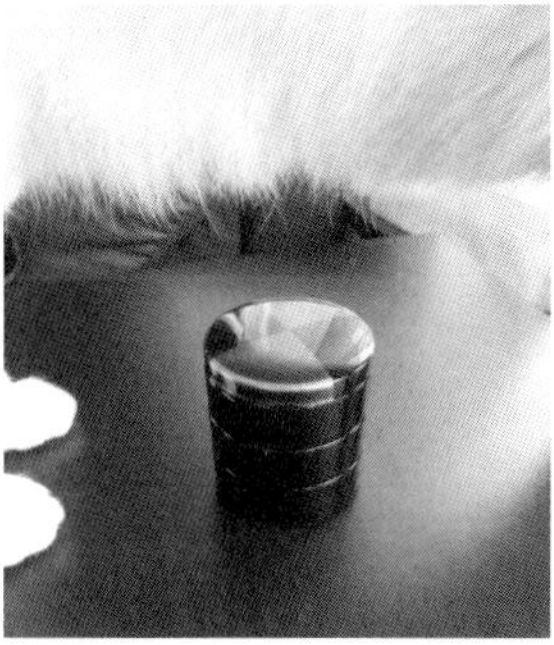

に。抗ガン剤でスカスカになった骨をしばらく観察したりしたけど、作業中に悲しみに襲われることはなかった。朝一の晴れた日差しの中での作業が、感傷的にならずに済んだのだろう。粉状にしたお骨を家の梅の木の元に撒きながら、『猫白血病ウィルス感染猫が一匹でも減り、苦しい死に方をせずに命を全う出来ますように』と祈った。

ニャッキは一段目に眠って貰った。お骨を漆器に移してから不思議とニャッキの存在が近くなったような気がした。分骨前までの骨壷はにそぐわないその入れ物を目にして、ニャッキが死んでしまったことは十分深く心に染み込んだ。今は漆器のフタをパカっと開けて、チラリと中の骨を見て「うん、あんたここにいるね」とニマっと笑う。器の中のコンペイトウを取るように、躊躇なくアクセス出来るこのスタイルが有難い。近くに死があるから、近くの生も大事に出来る。

「いたずらに中を見るべからず」というメッセージを醸し出していた。四ヶ月もの間、毎日リビング

この前観た映画で「死は門だ」と言っていた。死を機会に門をくぐってあの世に行くのなら、生もまた門をくぐってこちらに来るのではないか。すると、ニャッキのこの世への来訪は弾丸旅行だったんだと思える。今度はきちんと長旅の用意をして来て貰いたい。もちろん、滞在はおねえちゃんのところで。しばらくの間は空気読めなくっても我慢してあげましょう。まあ、この世が素晴らしいんだから、あの世も素晴らしいよね。あの世を存分に楽しんで、またいつでも戻っておいで。

あちょんでえ！

2010-01-20 23:57:09

ハナはお母さん猫ですが、未だにお茶目で野性味があるギャルママです。室内でネズミのおもちゃ相手にひとり狩りごっこをして暴れまくっています。元は警戒心バリバリの野良ちゃんだったことを考えると、ここまで人に気を許すようになり感無量です。昨日、ソファに座る私の服が引っ張られました。「?・?・」と見回すと犯人はなんとハナ！私の部屋着に付いているヒモ付きポンポンを下から引っ張っています。「あちょんで、あちょんで！　おねえちゃん、あちょんでえ〜！」と両手でポンポンをグイグイする姿は無邪気そのもの。「あちょんでくれるまで、離さないもん！」と目がランラン。きみはママなのに本当に可愛い。ハナの子供達が闘病中なのでハナの元気さに救われる。

春までに元気に

2010-01-25 00:10:02

ザビは先週の抗ガン剤治療により胸部の腫瘍の大きさが半減していた。今週はどうするか悩んだところ、来週まで楽観出来る腫瘍の大きさではないため、先週とは違う抗ガン剤を入れるという決断に至った。本当は、先生には今週の使用した抗ガン剤は切り札として最後まで取って置きたかった気持

ちがあったようで、来週まで投与を伸ばせそうか悩まれたよう。
また、毎週の通院が私にとってそろそろ負担になっているのではないかとご心配下さった。私は「随時経過を見たほうが良いのなら、毎週でも来れますので」と伝えて、ザビにとってベストの治療を進めて頂く。
三ヶ月後に会社の研修が入りそうで、どう頑張っても家を五日は不在にすることになりそう。仕事だから仕方がないとは言え、気分は憂鬱。その時期に、集中してケアが必要だったらどうしよう。今から気合を入れてみんなの健康を整えなくてはです。

先逝く猫たち

2010-01-28 22:27:03

がむしゃらに猫達の闘病を支えるなか、持ちこたえてはいるのだけれど、これ以上は良くはならないだろうと感じる時がある。彼らの最期のことなんて考えたくないけど、精神的余裕があって客観的に考えられる時に考えておく必要があるのは確かです。

昨年、呼吸が苦しい中、車で病院に連れて行かれてお空に向かったニャッキを考えると、「家で死にたかったかな」と思う。そして、病院が大の苦手のザビも「家で逝きたいかな」「そのために先生は往診してくれるかな」って考える時がある。

ザビが辿るであろう今後の展開は、胸部の腫瘍が肥大し、気管支を圧迫することによる呼吸困難だそうです。ザビが家で苦しんで逝くようなことは避けたいし、そんな時に車に乗せて病院に連れて行き、怖い思いを最期に味合わせて見送るようなことは絶対にしたくない。

ザビちゃん、頑張っているのに、ましてやお姉ちゃんがザビに抗ガン剤治療を強いているのに、変なこと考えてゴメン。でもいつか逝く君の最善の逝き方を抜かりなくセットアップしておきたいんだよ。どうしたらいいかね。まだまだ時間はあるから一緒に考えようね。

ザビ再発から三ヶ月

2010-02-07 00:41:22

今日はザビの二週前に行った治療の経過確認。ひなこにも通院を付き添って貰ったが、診察台にザビを出そうとするとひなこが前に出てブロックをする。ひなこは全くいい姉さん猫。

二週前に注射で入れた抗ガン剤が効果的であったため先週は無治療だった。しかし、今日の検査で残念ながらまた腫瘍が確認される。この状態では無治療で帰すことは出来ないと言われ、二週前に投与して効果のあった抗ガン剤を注射投与された。血管が硬くなって留置が取れないこともあり、一日入院で使う強い抗ガン剤は選択肢には上がらなかった。

ザビはどうなっていくのか。このところずっと気になっていた。顔はやつれ、身体は骨っぽい。ここまで治療するのは正解なのだろうかとも悩み出していた。とは言え、治療をやめればそれまでだ。先生はニャッキもザビも特殊で典型的な治療経過に合致しないと仰っていた。腫瘍があっても完全には食欲が落ちず、家ではぐったりしているように見えても、他の抗ガン剤治療中の猫と比較して元気なのだという。通常の抗ガン剤の副作用はもっと激しいものらしいと聞いた。

私が後ろ向きになってはいけないね。まだこの子は生きようとしているし、小さな身体で一生懸命乗り越えようとしている。とにかくガン治療が良い方向に向かうようにイメトレだ！

フレー！フレー！ザービーちゃんっ！　がんばれ！がんばれ！ザービーちゃんっ！

何をしなかったら後悔するのか　2010-02-15　20:11:01

今週の通院で、先生はまずザビを見て頷き「元気そうだね」と言い、レントゲン撮影へと進んだ。ここ二週は安定していて、ひなこと追いかけっこもするし食欲も旺盛。『今日は抗ガン剤投与が見送りになるかも』と期待して、待合室で検査結果を待っていた時だった。

「やっぱり血液検査もさせて貰っていい？」と言われ、ザビは連れて行かれた。何が起きているんだろう。採血の結果が出て呼ばれると「腫瘍はほぼ無くなっていますが完全ではありません。肝臓が肥大しているので、採血して黄疸値が上がってないか確認したかったのですが」と言われる。その結果、採血では所見なし。肝臓肥大の原因は不明。先生は「悩みますね」と言った切り、しばらく黙りこんでしまった。ザビの治療もいよいよ大詰めになって来たのだと感じる。先生の説明では、
一、前回注射投与したオンコビンが効いた。採血の結果が悪ければ、迷うことなく抗ガン剤を入れるが、必ず入れなければならない状況でもない。
二、抗ガン剤を使うのであれば今日もオンコビンにしたいが、使用回数が増えれば耐性が出来るのを早めてしまうので本当に必要な時に使いたい。問題はこの薬の効力は一週間しかなく、このまま毎週使えばいずれ耐性が出来てしまう。
三、では、三週間効力のあるアドリアシンが使えるかというと、この薬は点滴投与となり、ザビの血管は既に針の留置が出来ない状態にあるため、血管が回復するまで避けたほうが無難。
四、採血の結果も臨床症状もいいので、思い切って無治療で帰したらどうか。それであれば、寛解に近い状態か判断したいので、自宅でのステロイド投与も一切停止したい。しかしながら、レントゲンでは胸の状態しか見てないので、他の場所にガンが転移し始めていたら無治療で帰すのは大きなリスクである。肝臓の肥大も原因不明。腫瘍の再発もあるかもしれない。
先生は私に説明しながら治療方法を絞り込んでいるようだったが、「人間の治療なら間違いなく抗ガン剤を入れる状況ですが」と仰った。その言葉を聞いて、私も朝は投与見送りを期待していたが覚悟が決まった。「何をしなかったら後悔するのか」が根底にあり、効果があるオンコビンの注射投与が決められた。不安要素が多い中、抗ガン剤を使わず悪化させるリスクは取れない。

いずれは治療で使える抗ガン剤が二種類しかなくなり、その内手も打てなくなる。ベテラン先生があれだけ使用を迷うのは、それだけ耐性が出来るということは怖いことなのだ。

ザビの細い身体にタオルが巻かれ、足の血管に抗ガン剤が注射されていくのを眺めながら、この先一体ザビはどうなるのだろうと不意に涙が溢れ出た。泣くような状況ではないのに、ゆっくり静かに流れる涙はなかなか止まらない。

胸の腫瘍が大きくなり、効く薬が切れ、腫瘍が気管支を圧迫し、呼吸困難を起こす。いま先生が打って下さる薬は、ザビの命を引き伸ばしてくれる。でも、最後に先生に打って貰う薬はザビの命を止める。それはザビを苦しみから解放するけれど、いま一生懸命繋いでいる命は止まる。そして、それがそんなに遠いことでもないらしいということも気付いている。遣り切れない気持ちの中、また涙が床に落ちる。

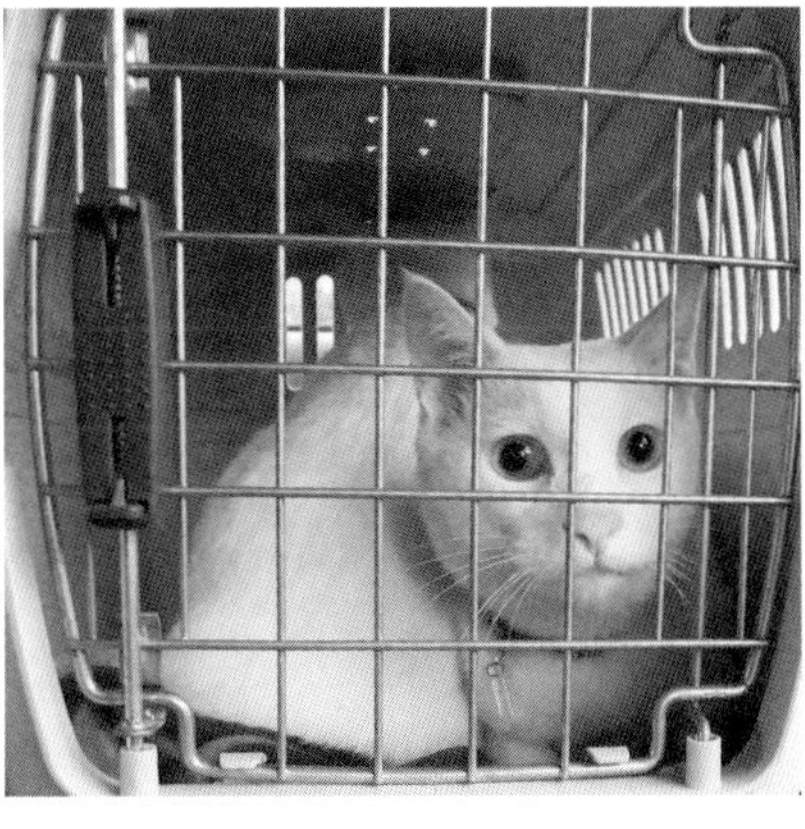

ヘコひなことザビ

2010-02-22 21:19:49

先週肥大していたザビの肝臓は、抗ガン剤投与の結果小さくなっていた。安心したものの、先生は浮かない顔で「肝臓にガンがあったのかなぁ」と言う。そんなこと考えもしなかった。肝臓にガンが転移していたのかと思うと、先週の抗ガン剤の投与は正しい判断だったのだと改めて思える。

家ではザビとひなこが元気いっぱいヒモ遊びに夢中。先日、ヒモの先にフェルト玉と鈴をつけたオモチャを手作りしたのでニョロニョロと動かしている。ネズミ好きをネコ、トリ好きをトコ、ヘビ好きをヘコと言った諸説があるそうで、ヘコのひなこが凄い勢いでじゃれて来る。いつもは見ているだけの奥手のザビも途中参戦ではしゃいでいる。元気な姿に喜び、こちらも一生懸命遊びに付き合う。

ザビちゃん、お姉ちゃんなるべくおうちを暖かくして、ザビちゃんの闘病が楽になるよう努めるからね。一緒に頑張ろう。お姉ちゃんがついてるから、大丈夫です。

猫と洗濯ネット

2010-02-27 20:35:29

今日は土曜、ザビの通院日。今日もひなこがお付き合い。ザビはひなこと一緒だと怖がって鳴くことはありません。ひなこが付き添う様子に、先生と看護師さん達は二匹をニコニコと迎えてくれます。深刻な診察前にそんな幸せな空気感があると私としては救われます。ひなこは「なんであたしが一緒に行くのだ？」と思っているでしょうね。でも、ザビを診察台に出すのが一苦労。ひなこの後ろに隠れるし、大の字になって中に留まろうと必死の抵抗を見せます。

ザビの様子を見て先生は臨床症状は良さそうだと言い、採血をしました。結果が出るのには十分程かかりますが、ザビをキャリーに戻してしまうと、あとで抗ガン剤を入れる時にまた外に出すのが一苦労。それで、待合室では洗濯ネットの中で待って貰いました。猫自身も落ち着くとは聞いていましたが、洗濯ネットの中で私の膝に抱かれたザビは、鳴くこともなく、丸くなって落ち着いていました。そして、結果が出て今日もまたオンコビンの注射投与となりました。

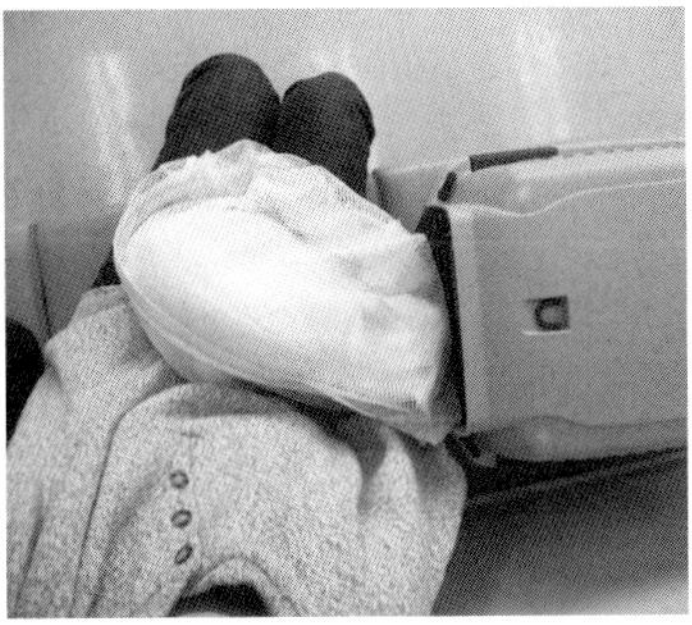

帰り道は助手席にダンボールを置き、その上にキャリーを乗せることで、普段は目にしない外の景色を見せました。普段はひなこから猫パンチをされながら運転していますが、上下左右入れ替わって表の景色に見入ってました。ひなちゃんもいつも弟の付き添い有難うね。

祝二才のお誕生日

2010-03-03 20:51:01

ひなまつりの今日はひなことザビとお空ニャッキの二才の誕生日。私の寝室でハナが仔猫達を産み落としたあの朝からもう二年なんて、色々なことが有りすぎてもっと前に感じます。

ひなこ達はいずれ里子に出すつもりだったため、情が移らないよう努めてドライに育てたことが唯一の後悔。でも、三匹全てが猫白血病ウィルスに感染していると知った時は、里子に出さなくて良かったと思いました。半年前に一才半でニャッキを亡くしましたが、ひなとザビが二才まで生き延びてくれたことに、神様と先生と頑張ってくれた彼らに感謝です。また、こんな可愛い仔猫達を産んでくれたハナと、急に猫家族が四匹増えても状況を受け入れてくれたぴょんにも感謝です。

今日を迎えられたことが私にとってどれ程嬉しいことなのか。来年の誕生日を迎えることは難しいかもしれない。ニャッキ、今日を一緒に祝えたら良かったね。見えないけどお空から降りてきて参加しなさいね。ガンという大変な病気と闘っているザビとひなこですが、毎日私を幸せにしてくれて有難うと言いたいです。次の目標は三才！

母猫ハナ・ガンを発症

2010-03-09 22:54:28

ハナがガンを発症しました。ハナの子供達が一年以上も前に発症し、その後ニャッキが他界し、ザビが再発するなか、彼女だけは元気で救われていました。ハナの猫白血病ウィルスは、知らぬ間に隠転しているのではないかと希望を抱いていただけにとても残念に思います。

野良猫から飼い猫になったハナは、ここ数ヶ月は人間に気を許し始め、私もそのいじらしさに丁寧に向き合っていました。ぴょんと自分の産んだ仔猫達がよく暖をとっている私の羽毛布団の中が気になっていたようで、布団を開けるとみんなを真似てそろ~っと忍び足で入り、カチコチに緊張したまま中で座ります。私が少しでも動くと布団から飛び出して行ってしまうのですが、誰も触れない程に人間を警戒していた猫ですから、彼女にとっては精一杯の「飼い猫行為」なんだと微笑ましく思っていました。

朝はなかなか起きない私の枕元で香箱座りをしてじっと目覚めを待っています。薄目で彼女の様子を確認し、嬉しくてまた目を閉じてしまうを繰り返しました。そのハナが、最近は枕元に来なくなり、今朝は匂いは嗅いでもフードを食べることは出来ず、表に出ようとして玄関に座りこんだままになっていました。『ああ、ついに来たか』と病院へ行く用意をしました。

獣医さんに向かう間、大きな葛藤に襲われていました。ハナには積極的治療をしないと心では決めていたからです。でも、果たして私は本当にそれで通せるのか。抗ガン剤を入れたら少しは長生き出来ると知っても、踏み切らずにいられるのか。彼女の産んだ仔猫達に抗ガン剤治療を与えて、彼女には与えないという差に心は揺らがないのか。気持ちはグレーなままハンドルを握っていました。

超音波検査で腹部を見た先生も「あやしいね」と一言。それよりも深刻だったのは、ハナは舌が白み掛かるほど酷い貧血を起こしていたことでした。血液とレントゲン検査の結果を待つ間、奥の入院室では見知らぬ猫が鳴き続けていて、ハナはその子に一生懸命話し掛けていました。ハナの優しさを改めて目の当たりにして、病状が深刻でないことを祈っていました。

先生から呼ばれてレントゲン写真を目にすると、ひなこやザビにはある胸腺のリンパ腫がそこにはありませんでした。先生は一呼吸おいてから「ひなこ達とは違うタイプのガンです。脾臓が大きく腫れていて、身体全体にガンが行き渡っています」と言いました。消化器官ガンでした。「脾臓は不要な赤血球を取り込んで鉄に変える臓器ですが、そこで溶血を起こしているので酷い貧血になっています。これほどの貧血で普通に生活しているのが信じられませんが、ハナはゆっくり発症して貧血状態が慢性化し、身体がそれに慣れてしまったのでしょう」と見解を述べられました。血小板数ももう少し減ると命も危なかった状態と聞き、信じられない気持ちです。

言葉も発せずに聞いていた私に、先生は「この状態では抗ガン剤の投与は出来ないし、第一、消化器ガンにはひなこやザビに投与している薬が全く効きません。このタイプには自宅投与出来る薬で最初一週間は経過を見て、以後は他の薬で対処することとなります」と言います。『抗ガン剤が効かないタイプのガン』、『家での投薬が唯一の治療法』、『病院へ頻繁に通院しない』・・。抗ガン剤治療が選択肢にも入らず、ハナの状態がかなり悪いことを悲嘆にくれる気持ちがある一方、治療の選択を私自身が負わないで済むことに安堵する自分がいました。

ステロイドを注射される間、診察台で鳴いて嫌がり身をよじるハナの顔を撫でながら、今後の展開を聞きました。「このタイプのガンにはステロイドがとても良く効き、二、三日で脾臓内に溜め込んだ血液が体内に戻るので、貧血も治り急に元気が出て来ます。ただ、大腸内に腫瘍が出来ている場合、血便が出るかもしれないので見ておいて下さい。食事も恐らく一週間は食べられないかもしれないけれど、それは仕方のないことですから」との説明がありました。

あんなに警戒心の強く、最初の通院では母の指に本気で噛み付いたハナなのに、いまでは私には抱っこもされて、お鼻もすりすりしてくれます。私の腕の中でゴロゴロいう彼女は、もう三ケ月から半年しか生きられないそうです。覚悟はしていましたが、大きなショックを受けています。

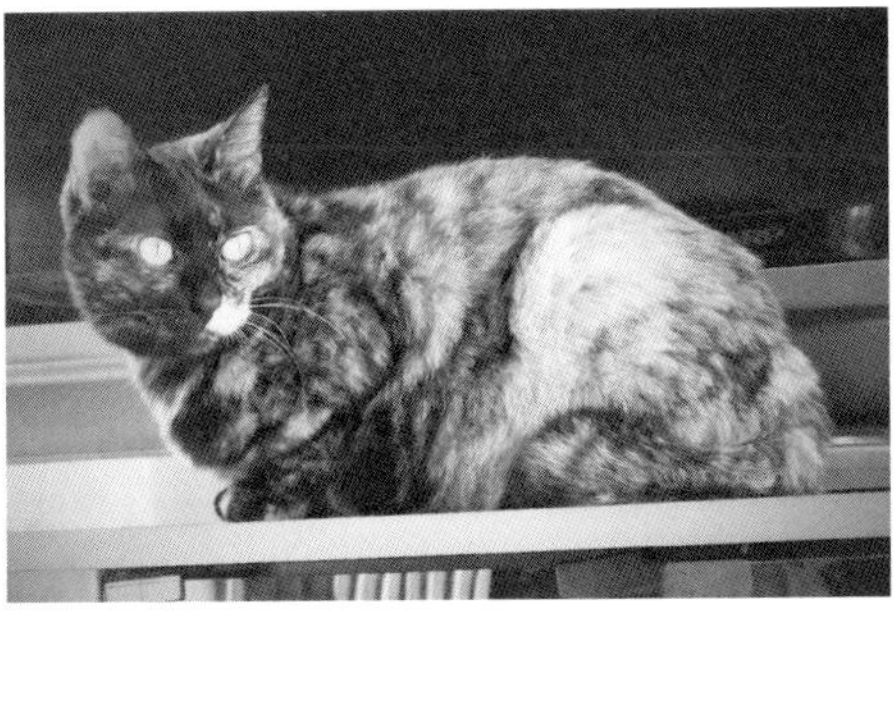

ハナの発症一日経って

2010-03-10 22:56:29

昨晩、家路を急ぐ間、正面から冷たいみぞれが容赦なく降りつけていました。ハナがいなくなる。獣医さんでは治療の説明を理解をするのに一生懸命で、悲しむどころではありませんでした。病院からハナを家に連れ帰り、すぐに会社に向かい仕事に集中しました。夜は接待がありました。ふっと現実に戻ったのが、みぞれに叩きつけられていた乗換駅のホームで、『ハナは長くないらしい』ということをやっと自分の中で理解し始めていました。悲しみがうわっと襲ってきた瞬間でした。

接待中に夫より「ストーブを点けて暖かくしてるのにハナが見当たらない」と連絡がありました。ハナは警戒心が強いし、朝の通院でストレスを感じて引き篭もっているのかもしれない。家のどこか寒い中でじっとしているハナを思い、大して役に立っていない傘を片手に慌てて帰宅すると、どこからともなくハナが姿を現しました。みんなの陰から玄関にお迎えに出てきた彼女がとても愛しく、『この子はこうやっていつもみんなの後ろにそっといたよなぁ』と涙が溢れるのでした。

やはりハナは弱っていました。いつもは決して無防備に寝ることは無いのに、私が戻った後は足元のペットヒーターの上でコの字になって寝ていました。今までは寝ている姿を覗き見るだけでぱっと起きるほど警戒心の強かったハナが、いまは動きも鈍く、寝返りも打たずに眠り続けています。

朝は、自宅でのステロイドの投薬が待っていました。私にしか心を開いていないハナに無理強いして薬を飲ませるのは気が進みません。でも、食欲の無い彼女に薬をウェットに包んで置いたところで

食べるはずもなく、無理矢理飲ませるしかないようでした。保護当初、恐怖を感じた時に一度母の手を思い切り噛んだことがあるので、怖がらせて攻撃に転化させるのだけは避けようと、こちらも心を落ち着かせて力を抜いて薬を飲ませました。ハナは「ん？」っとちょっとだけ驚き、すんなりと飲みこんでくれました。でも、これが毎朝続けられるとは思えません。

今日一日は色々な考えが浮かんでは消えていきました。「具合が悪くなってきたら、噛んでも、甘えても、何でもいいからお姉ちゃんに教えるんだよ」とハナを抱っこして日々お願いしていましたが、ここ数ヶ月でハナが甘えるようになり、じ〜っと見上げて「ナ、ナ、」と切れ切れの声で話し掛けてくることが多かったのは「お姉ちゃん、あたし不調になってきたよ」と伝えていたのかも、とひとり切なく振り返っていました。

先生曰く、ハナの体内を循環している血液の全体量はとても少ないのだそうです。彼女にまだ幾つかの生き続けていく方法は残っているのだろうか。もっと早く獣医さんに連れて行ったらどうだったのだろうか。早期発見であれば貧血は軽度で抑えられたのだろうか。オモチャで遊び、散歩中にぴょんの周りで駆け回るハナからは、進行型のガンが身体を蝕んでいるようには見えませんでした。

仕事帰りにハナの好きそうなフードを買いました。昨日からほとんど食事を口にしていなかった母猫は、子供達と合わせて出されたフードを意欲的に食べ始めました。口にしたものがきちんと栄養になって病気と闘って欲しい。心からそう思います。

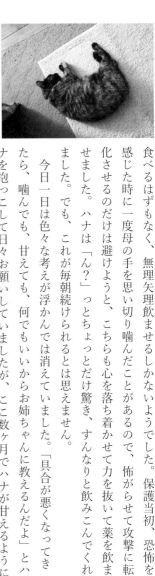

まずは貧血を乗り越えて！

2010-03-11 23:51:26

自分の発言に後から後悔することがある。最近、「人としての成長が見られない」と娘に苛立ちを覚えている母から「猫の世話ばかりして引き篭もっている」と苦言を呈され、売り言葉に買い言葉で「私だって猫のことが落ち着いたら、いずれはまた海外に出たいと思ってるから」と啖呵を切ってしまった。裏を返せば「猫のことが落ち着いたら」というのは、「病気の猫達がみんな亡くなったら」ということになり、「私がここ数年色々なことにチャレンジしていないのは、猫がいるから」という問題の根源が猫であるかのような会話をしてしまった。全ては私自身の問題なのに。そして、それを聞いていたかのようにハナが発病した。本心ではなかったとは言え、因果を感じ、そんな発言をして自己嫌悪に陥っている。ハナが言葉が理解し、病気に追い込まれたかのようにさえ感じてしまう。

ハナは驚いたことにこの三日で急に悪化した。早期発見ではなかったからか、ひなこ達のガンとは別物のような速度で悪化している。一週間前はまだ家の中を走り回り、甘えていたご機嫌なママ猫だったのが、今では瞬膜が中央にせり出た目は半分しか開けていられず、痩せた身体にボサボサの被毛を纏い、呼吸の毎に大きくお腹を膨らませている。

それでもフードを出す音には反応し、少しずつでもそれを口にしてじっとしている。水を飲んでいる様子を見ていなかったため、今朝はウェットフードをぬるま湯でペースト状にして出した。薬の服用後には大好きな猫用にぼしも一本も食べる。

今日は体調が悪いくせによろよろと玄関に座り込み、散歩に出たがったので、ぴょんも連れて一緒に散歩に出ることにした。ハナは我々から遅れだし、途中、道の真ん中に座り込んでしまう。酷い貧血が続いているのは確かなので、早足で散歩を続けたがるぴょんを抱っこして、ハナの歩調に合わせて一緒に家まで戻った。途中、ハナのお気に入りの駐車場ではころんころんとゆっくり身体を地面にこすり付けていたのを見て、何だかほっとして嬉しかった。

ハナは今後復活してくれるものと信じている。このままどんどん悪くなるなんて、お姉ちゃんは許さないよ。ハナ、頑張って。

ステロイドの効果たるもの！

2010-03-13 16:02:56

昨夜、会社から帰宅すると「我れ先に」と玄関で迎えてくれたのはハナでした。三日前の通院時から急激に悪化していたハナが、今日は私の足音を聞いて迎えに出て来たのです。ステロイドが効いたのでしょう。目もしっかりしています。表情すら大きく変わるなんて驚きです！

そして、彼女はご飯の催促をして猫皿の前に座りました。ドライフードを二十粒ほど食べ、ゆっくり伸びをして玄関へ向かいます。心配して後ろを付いて歩く私を見上げて「ナー！」と鳴きました。

外へ行きたいと鳴いたハナに、夫と二人で「おお！　鳴いたぁ！」と喜び合います。先生が「このタイプのガンにはステロイドが良く効くから、三日位すると急に元気になると思うよ」と言っていたのがよく判ります。投薬して三日、本当に復活しました。

ハナのリクエストに答え、ぴょんも一緒に散歩に出ました。歩く速度は遅いものの、風を感じ、草を食んで、元野良ちゃんらしく電信柱に付けられているオス猫の匂いなどを確認しながら歩きます。でも、貧血はさほど改善はしていないようで、リードを引っ張って進むぴょんと私の歩みには付いて来れず、段々と遅れが目立つようになりました。すぐ先の緩いカーブを曲がったところで、ハナから我々の姿が一瞬見えなくなると、「ナア！」と甘えた声を絞り出します。「ハナちゃん、お姉ちゃんこよ〜。ゆっくりでいいからね〜」と、ぴょんを制止して振り向いて声を掛けると、頑張ってタタタタと小走りで追いかけて来ます。でも、走るとキツイのか、追いついた途端に座り込んでしまいます。それでもこの二日間のハナの様子から、また小走りが出来るようになったことは驚きでした。

ハナにカメラを向けてシャッターを切ると、普段は黄色い瞳が反射して、綺麗な青い瞳の写真になり、しばらくファインダーを見入ってしまいます。このような写真が撮れるのはあとどれ位なんだろう。この綺麗な命がもう閉じようとしているとは思えませんでした。

猫ホスピス長就任　2010-03-13 21:00:40

今日のザビの通院にもひなこに付き添って貰おうと、一緒のケージに二匹を入れた。彼女の二ヶ月おき検診も来週に控えていたので、一週間前倒しして今日診て貰おうかとも考えていた。

先に診察台に出されたひなこはちょっと困惑した様子。看護師さんも「『あたしは付き添いじゃないの？』と思ってますね」と微笑んでいる。肝の座ったひなこは落ち着いていて、診察室内は終始穏やかムード。「肺の音もきれいだね。次はレントゲンね」と、緊張感も漂わずに診察が進んでいく。

一方、ザビは診察台の上でも逃げ腰態勢で、私の顔を見上げて悲痛な声で鳴く。鼻の頭を真っ赤にして肉球にも汗をかき、白い耳には動脈が浮き出て見える。検査後の洗濯ネット内での待ち時間中もガタガタと震えながら私にしがみつき、姉弟でもこうも違うものかと感心してしまう。しばらくして、レントゲン室の先生から呼ばれたので二匹を連れて部屋へ入って行く。

「ひなこに腫瘍が出来てます」。そう聞いて、言葉を失う。嘘でしょう。あんなにオモチャで遊んでるし、一匹だけあり得ないほど元気なのに。

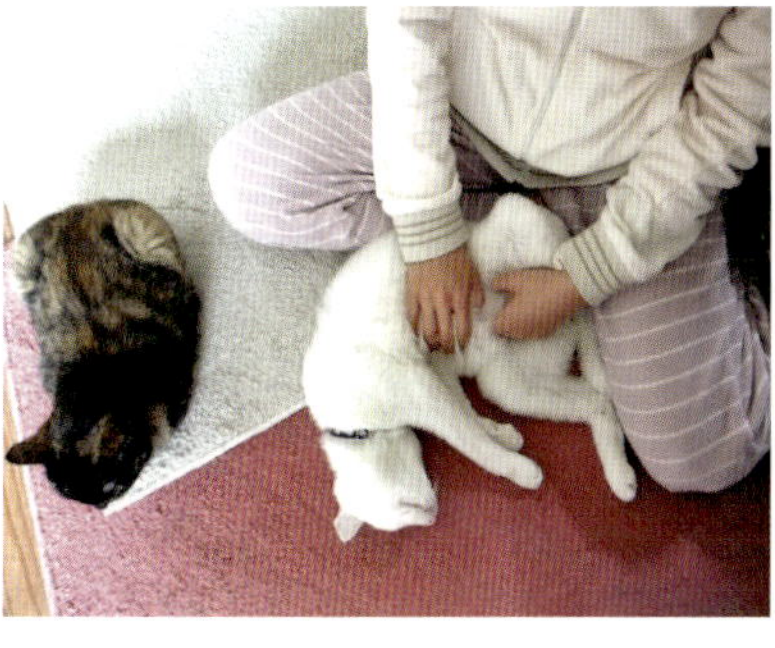

先生は「腫瘍は凄く大きいです。肺の音もきれいだし、ご飯も良く食べてるみたいだから、今は臨床症状は出ていないとは思いますが、腫瘍は胸腺から心臓の下まで胸郭全体に出来ています。最初の時みたいに、ま

だ気管支を押し上げてはいないから呼吸は問題なかったと思うけれど、今日はザビと一緒に抗ガン剤を入れます」と続ける。あまりに驚き過ぎて内容がよく入って来ない。先生も意外な結果に驚きを隠せないでいる。ああ・・。我が家の猫白血病ウィルス感染猫の三匹全てがガン患者になってしまった。しかもみんな同時に。

そして、信じられない気持ちでいる中、ひなことザビに抗ガン剤が注射投与される。「来月末は研修で家を空けるって言っていましたよね。それまでに徹底的にガンを叩いて、その間乗り切れるようにしますから」と心強い言葉を頂く。そう。私には研修が控えている。行かないで済んだらどれだけ気が楽だろう。

家中を駆け回っているひなこも再発していたなんて信じ難いけれど、一週早く検査をして貰ったことが幸運だった。ひなこの元気さはザビの長患いの間、常に家の雰囲気を明るくしてくれていた。いまは悲嘆に暮れてがっくりと肩を落とすところかもしれないけれど、「みんなに看病が必要なら、とことん頑張るぞ」と気合いが入った。

泣きたい時にはワーッと鳴き、後はメソメソしない。病気だって、病気じゃなくたって大好きな私の猫達。彼らの命を最後までしっかり見届けるべく、私も全身全霊で彼らのガンと闘っていく。

うちは猫ホスピス。今日から私はホスピス長へ就任です。

見かけ元気なガン患ニャ達

2010-03-15 22:35:08

今まで何枚もの猫のレントゲン写真を見て来たが、この前のひなこの写真は、それはショッキングなものだった。私にだって『抗ガン剤を入れなければならない状態』とひと目見て判る状態だったもの。当の本人は抗ガン剤投与日の夜だけぐったりとしていたものの、やっぱり元気。あの日に検査をしていなければ、今だってガンが再発したとは思えないでしょう。私の心は落ち着いています。皆揃って病気だと、比較対象が居ないから同情が生まれないからかも。健康な猫だけを飼っている状態に近いのかな。今は末期まで進んでいないので、まだ救われているんでしょうね。

ザビちゃんは頬がこけて若ジイさんみたいですが、人間で言うと二十歳そこそこ。ブラッシングを受けて血行もよくなり、うっとりしています。ひなこは私にちょっと触れているのが好きで、今も私の足の上に座ったりしています。動きたいけど動けない。これはわざとですね（笑）。愛する猫達が近くにいるのは、本当に幸せ。治療費も車が買えるほど使っているけど、彼らは私の大切な大切な家族。でも、そろそろ副業しなくちゃかなぁ（笑）。

セキガキュー！

2010-03-16 21:52:20

　さて、本日はハナの通院。不安な気持ちで病院に向かった朝はもう一週間前。ステロイドが効いて動けるようにはなりましたが、貧血は改善しているのかどうか。ハナの体重は三・九キロ。なんとザビと同じ（ザビの痩せ方が大きくショックを受ける）。エコーで脾臓の腫れは引いたと確認され、さらに触診でも脾臓に弾力があり、柔らかくなっていることで、薬の効果があったと皆で一安心。血液の状態はまだ乏しく、貧血はさほど改善されていないと判明。「舌はちょっとピンクになったかなぁ」と私が言うと「まだまだ！」と先生と看護師さんからステレオ否定される。

　ガン自体はステロイドを入れても大きな効果はないとして、貧血の改善が先決。先生より医療本で血液の作られ方を見せて貰い、赤血球を増やそうとする赤芽球（せきがきゅう）という細胞が血中に出て来ているので、これで造血剤を入れてあげれば随分楽になるという説明を受けた。先生は「このレベルの貧血が続くと本当は輸血ってことになるんだけど、今は危ないしね」と本を閉じながら締め括り、「造血剤は三日連続か、一日おきに入れるのが効果的なので そのパターンで連れて来るように」と言った。明後日も仕

事後に駆け込めるように仕事を調整しなくてはだ。ハナは看護師さんに抱きかかえられ、まん丸オメメでキョロキョロと彼女を囲む我々を見上げていた。何が起こっているかは理解していない様子だけれど、状況が怖いだけでここに居る人間達が怖いとは思っていない様子。

造血剤を投与されて会計待ちで待合室にいると、次の飼い主さんが「いや、ステロイドは怖いから使わないで下さい」と大きな声で話しているのが聞こえた。そうなんだよね。ステロイドは強い薬かもしれないけど、我が家の猫達はそれ無しには命は繋がらなかった有難い薬なわけで。大人しくいい子にしているハナを助手席に乗せ、深呼吸ひとつ家路についた。

ステロイドの段階

2010-03-18 22:58:16

夜中にひなこ相手におもちゃで遊んだ。久しぶりにぴょんが参戦し、ザビまで飛び込んで来た。三匹が楽しそうで嬉しい。でも、いつもは「いの一番」に飛んでくるハナが近くでぐったりしている。ひなこ達も遊び過ぎると息が上がるので、物足りなさそうだったがある程度で止めておいた。

昨日、ハナにお薬をあげる時に初めて「ぅぅうう～」と唸られた。ハナだって嫌なんだ。後ろから抱っこしてこじ開けた口に薬を入れて閉じようとした時、彼女の犬歯がすっと私の人差し指へ入ってしまった。イテテテテ。意図せずにして私を噛んだハナ自身も驚いている。猫の口内は細菌だらけなのですぐに腫れ始めた。でも、こちらが「怖い」と思ってしまうとハナにも伝わるから、気を取り直して撫で撫でしてからまた飲ませる。元々外で暮らしていた子だから、根底には人に対する恐怖心がある。ザビより薬を嫌がるし、「無理矢理」することはどんなに優しく扱っても「無理矢理」であることには違いない。こちらとしても本当は避けたいところだ。

食欲も落ち、飲み込むのも辛そうになってきたハナだが、夕方には造血剤を入れるために通院した。明後日にも入れて一週間置いてから採血し、その結果、赤血球の増加と血小板数の復活があるか確認する。そして、皮下点滴を受けながら今後の話になった。治療方針を決めるにあたり、ハナには積極的な抗ガン剤治療をするつもりはない旨をきちんとお伝えしておく必要があった。けれど、先生から先に「抗ガン剤を使うとしても弱いものしか選択肢がなく、この貧血の状態で投与すれば、ショック死してしまう可能性がある」と、もうハナに抗ガン剤を使う選択肢はあり得ないことを示唆された。

今もハナの治療にはステロイドが使われているが、ステロイドと一括りに言っても強さに段階があり、今後も効果を見つつ種類を変えて治療を進めるらしかった。ハナに対して抗ガン剤以外でまだ治

療法があると知っただけで救われる思いだった。

来月末の研修が気掛かりなので、その間に万が一のことが起こるのは絶対に避けたい。それならば、それ以前にやれることは全てやって出発したい。自分のためにも。

覚悟を決めて雨の中を帰路につく間、助手席のハナを見て、野良猫から飼い猫になり存分な医療が受けられるハナと、未だこの悪天候の

中、寒さと飢えをしのいで生きている彼女の元仲間の差について思いを巡らせていた。

いつかくる『いつか』　2010-03-19　23:51:02

明日から三連休。雨降りらしいので、家でゆっくりするには好都合です。みんなの容態はまあまあです。一日を終わる毎に『今日も幸せに生きられたねぇ』とハグハグして回ります。そんなこと位しか出来ませんが、毎日当たり前に生活出来ることに感謝で一杯です。

でも、今日はちょっと弱気になりました。ハナの荒い呼吸とザビの痩せた身体を目にして、不覚にも目が潤みました。ニャッキの最後の様子に二匹がどんどん近づいて行くのを見ると、まだ大丈夫だとは思っていても不安が募ります。『いつか抗ガン剤の耐性が出来てしまったら』、『いつかステロイドが効かなくなったら』、『いつかご飯を全く食べなくなったら』、『いつか暗いところへ潜り込んで出て来なくなったら』。

『いつか』という必ず向き合う状況。でもうちの『いつか』は『もしかしたら明日』とか『おそらく来月』とか、心の準備が必要なほどにすぐそこまで来ている気がします。命が終わるという現実から目を背けるわけには行きません。立て続けに弱っていく命が二つあるという状況は、どうしても心が沈みます。

まるで家族旅行のような通院に

2010-03-20 23:58:04

今朝はお日様フルパワーで、気分良く病院へ行けました。ハナ、ひなこ、ザビと三匹一緒の通院です。三匹一緒だと何より重くて大変です。

まずはハナの点滴から。触診で前回よりも脾臓が柔らかくなり改善が見られました。今日の造血剤で一週間後に赤血球がどれだけ増えるかが鍵。もう神頼みの域。この造血剤は腎臓細胞の一種で人間のドーピングに使用されるものらしいです。ひなこは先週の抗ガン剤投与で、再発した胸腺腫瘍の八割方が消えていました。今週も継続投与し、さらにガンを叩きます。一方、ザビには大きな変化はなく、毎週抗ガン剤を投与し続けるわけにもいかないため、投与のインターバルを長くすれば悪化してしまうのかを見極めるべく、今日は無治療での帰宅となりました。

ひと月後に研修で五日間不在にするので、必然的に話題はそのことになります。先生方は「家を空けなきゃならない状況は必ずあることだから、それに備えて何をするか。やれることをして割り切らないと」と、私の過度な不安を見越して対策を講じてくれました。「出発が日曜ならば一週間位では急変しないので、前日土曜には抗ガン剤治療

はしません。ザビは今週一週抜くことで、ガンがどうなるかを確認しましょう。来週にまだ打つ手は色々あります。不在中、一番心配なのはハナ。ハナの赤血球数が来週復活しなかった場合、一番手っ取り早いのは輸血だけれど、ガンを持つ子には抗ガン剤でガンを叩いてから輸血になるが、今のハナに抗ガン剤を使うのは非現実的。そして、輸血しても溶血を起こして赤血球を壊す可能性が大きい。ハナで一番怖いのはこの先一切食べなくなること。その場合、ストレスだろうと一日入院で栄養剤を入れる必要がある。出張中でもご家族の方に連れて来て貰うようにして欲しい」とのことでした。

沢山ご説明頂いたうち、ひとつ大きく心に残りました。「ガンの子に対する治療は、抗ガン剤しかありません。抗ガン剤を使わないと対処療法しか残っていなくて、それでは改善は見られません」という言葉でした。そして、その抗ガン剤投与にも下準備があって、貧血や黄疸が出ている子、入れたことにより悪化する可能性が高い子には抗ガン剤は使えず、ハナは今は下準備も整っていないのだという説明でした。そうなんだよね、私はハナに抗ガン剤治療をしない選択をしていたのだけど、実はその治療すら希望したって出来ないほどの悪い状態なんだ。今は貧血を治すことだけで、根本のガンには対処出来ずにいるんだ。

色々な意味で来週の治療が鍵になります。ザビのガンは悪化するのか、ひなこのガンは消滅するのか、ハナの赤血球数は増えるのか。何にしても、いま頭にあるのは私の不在中を乗り切ること。そして、猫達を任される夫と実家の母への負担が大きくならないようにセットアップしていくことです。

夜も更けて来ました。そろそろ寝ます。今日も幸せな一日でした。

ねこの国

2010-03-25 22:44:35

　私は毎日とても幸せに生きている。多くの闘病中の猫を抱え、暗い生活を強いられていると思われがちだが、暗くなるのはほんの少しの時間だけ。我が家で起きていることは悲しいことかもしれないけれど、あの子達の最後を見届けられるのが自分で嬉しい。

　ハナに血便が出始めた。病院で便の状態を聞かれていたが、イマイチ血便なのか判らずにいた。看護師さんからは、血便はコールタールのような黒色と聞いていて、ここ二日はそんな様子。それでもハナ自身は回復しているようで貧血でふらつくことも少なくなり、甘え鳴きもしたり、ひなこのヒモ遊びにも「ちょいっ！」っと手を出したりする余裕が出て来た。

　ザビは私を独り占めしたいみたいで、膝の上で丸くなって眠ることが多い。不安だから甘えたいのかな。今日はすべきことが山盛りだったけれど、ザビを撫でながらしばらくそのまま寝かせてあげた。
　先日でニャッキが逝ってから半年。もう随分前のことに感じてしまう。ニャッキを失った時、落ち込んだ私を支えてくれたのは今いる猫達だった。自分がどんなに辛い状況でも、彼らのお腹は空くし、掃除はせねばならず、毎日の暮らしを進める必要があった。私自身はやっっとニャッキとの素敵な思い出を振り返って、微笑むことが出来るようになっている。「あんなに早々と逝っちゃうなんてさ」と遺影に向かって悪態もつく。でも、やっぱり会いたい。会って、嫌がるニャッキにハグハグ攻撃したい。

ハナとこれからひと月の時間

2010-03-28 02:49:44

ハナは最近とても元気で、朝方きちんと私を起こしてくれるし、夜は私のベッドにそろりと潜り込んで来てグルグルと喉を鳴らしています。お腹が空けば「ナナナ」と見上げて催促し、散歩も行く気満々。『こんな時間をハナとまた持てるなんて幸せだなあ』と心の底から感じていました。

今朝は今後の治療法が決まる大事な三匹同時の通院でしたが、ハナのくしゃみが免疫の落ちているザビとひなこに移っていました。

三匹の検査の後、診察室へ呼ばれると、先生は今までで一番暗い表情で「ハナですが・・血液内のリンパ球の増殖が凄く、赤血球の破壊のスピードが速いので、貧血の改善は見込みはないと思います」と仰いました。そして「赤芽球の数も減少し、これ以上造血剤で刺激しても、赤血球の増加はないと思われます。増殖中のリンパ球が赤血球を破壊していれば、輸血も意味を成しません。抗ガン剤の使用も命を落とす危険が大きく出来ません」と続けました。

看護師さん達も俯いています。診察室の沈んだ様子は、『ハナにはもう治療法が残されていないという メッセージを私に伝えなければならない状況だからだ』と理解出来ました。説明を受ける間、つらくても泣くまいと思いこらえていました。「来月の不在中に万が一のことを避けたいだけで・・。ハナは、来月末までは持ちますよね」と気丈に聞いたつもりが、自分の口から出たその言葉に、涙が溢れて出てしまいました。先生は残念そうに首を振って、「わからないな・・」と言いました。毎朝起こしに来るのに。散歩も楽しんでいるのに。あとひと月も生きられないなんて。

ハナが逝くときはニャッキのように呼吸困難になるのかを尋ねたら、貧血で眠るように逝くのでそれはないと仰います。それであれば家で看取れます。ハナには最後の造血剤とビタミン剤が点滴され、今後は対処療法ということになりました。

沈んだ気持ちを抱えながらザビとひなこの検査結果を見るためにレントゲン室へ通されると、二匹とも悪化はしていないものの、ハナから移った風邪が災いして、白血球数を大きく上昇させていました。細菌性の風邪と判断し抗ガン剤投与は続行、抗生物質は細菌に効くタイプに変更となりました。

二匹へ抗ガン剤を注射投与している間に、思い切って「眠らせるために往診に来ていただくことは可能でしょうか」と尋ねたところ、先生は静かに何度も頷いて、私の希望を判って下さいました。ニャッキと同じ種類のガンを患うザビとひなこは、最後は呼吸困難で窒息死に至ります。これで万が一の場合は家で看取れる。それだけで大きく安心しました。

待合室で会計待ちしていたところ、ひなことザビを見た方が「あら〜、二匹揃って真っ白！」「こっちが母猫？」「じゃあお父さんが白だったのね！」と陽気に話し掛けて下さいました。誰がこの子達が近い将来に命を終えようとしていると想像するだろう。平静を装って受け答えはしていても、心は深く沈んでいました。

帰宅すると、相変わらずハナが散歩に出たがったので付き添いました。お日様を浴びて、塀の上に座るハナは愛らしいです。これからひと月の間、彼女がどう悪化していくのか想像つきません。とにかく大きな愛情で包んで行こう。美味しくご飯を食べられてゆっくりと休息の取れる環境を作って、具合が悪くなったら引き篭もれる心地良い場所を用意してあげようと誓いました。

悪い話

2010-04-03 20:53:28

今朝、今までザビのガンに効果があった抗ガン剤が効かなくなり、耐性が出来てしまったようだと知らされた。先週、抗ガン剤を投与したにもかかわらず、胸腺に腫瘍が出来て気管を押し上げていた。先週末から風邪だったが、呼吸が苦しそうだったのは他に理由があったのだ。家でザは床にお腹をべたっと付けて、あごを前に突き出して寝そべっていた。この寝方は、もう相当具合が悪いのではないか、と感じて取っていた。

レントゲンで見ると前胸部は白く腫瘍が映り、明らかにガンは進行し

ているようだった。風邪が完治していないとはいえ、無治療で帰れる状態ではない。

先生は「はぁ・・。悩む。どうしよ」と言った切り黙り込み、しばらくして「どんどん悪くなる一方だから、今日は薬剤を七割五分の量に減らして投与します」と言った。久々に一日入院での点滴投与。数ヶ月前に前足の血管が硬化してその抗ガン剤を入れられない状態になり、未だ血管は復活していないため、今日はやむなく後ろ足の太い血管に留置を取る。診察台でエリザベスカラーを着けられ、留置の用意が整うと、ザビは「置いていかれる」と判ったのか必死に鳴き出す。その声を背中で聞きながら、経過良好のひなこだけが入ったケージを手に獣医さんを後にすると、車の中でこらえていた涙が溢れ出た。今日使う薬は強い抗ガン剤。ザビにはもう効果がないと一度見なされた薬。効いていた薬に耐性が出来た今、効果がなくなった薬を試してまだ効果があるか試してみようという今日の治療。

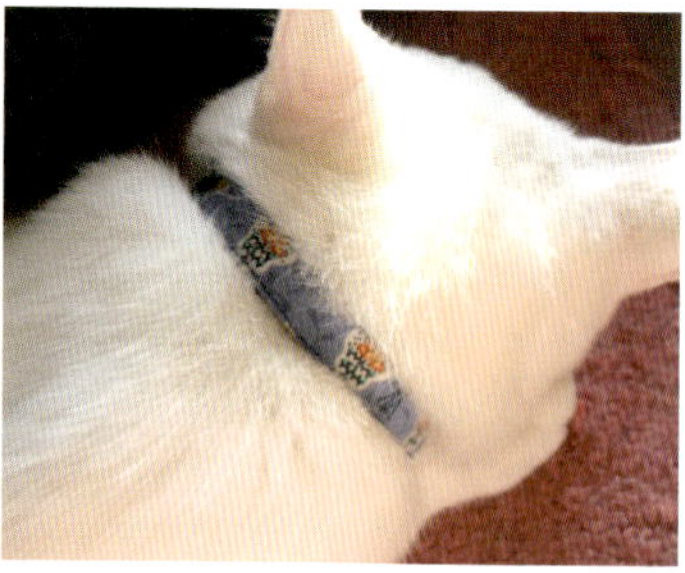

この後、使える抗ガン剤はロムスチンという粉剤と一時的な回復が見込めるロイナーゼ。最後の薬に手を掛けていることを痛感し悲しみが襲う。ザビがそのうち居なくなる。幼少期の彼の姿が私の中で駆け巡る。
獣医さんから帰ったひなこは家中ウロウロとザビ探して鳴いていた。おいでと声を掛けると私にくっついて眠り始める。私より一緒に生まれ落ちたひなこの方が、遥かに不安を感じているではないだろうか。
沈んだ気持ちを切り替えるべく、花を買おうと街に出た。ザビのイメージカラーの花を見つけて青紫のスイトピーを指さすと、店員さんは「それ

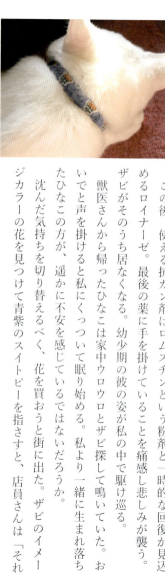

はもう終わりかけの花なんです」と申し訳なさそうに言う。終わりかけでいい。今、命を繋いでいるザビと重なってしまい、「そのスイトピーをあるだけ下さい」と言って買って帰った。

手当て

2010-04-04 20:17:43

お花見シーズンだけれど猫達と自宅にいる。副作用がきついのか、ザビは同じポーズのまま微動だにせずにクッションの上で薄い身体を横たえ眠っている。朝ご飯に駆け寄って来ることもなく、じっと不快感をやり過ごしている。それでも鼻先にご飯を出すと、ゆっくりと起き上がり、一生懸命口に含んで、また平たくなって眠る。そんなザビが昼過ぎに、ソファに座る私の膝に飛び乗ってきた。膝の上でくるりと弧を描いて眠り始める。ザビが大嫌いな病院へ連れて行き、辛い治療を与えているのは私なのに、それでも安眠のために私の膝を選んでくるザビ。私を拒否するくらいのことをしてもいいのに。最後にザビが元気一杯だったのは一体いつだったろうと考える。五・五キロあった体重も、今は三・七キロまで落ちた。命を延ばすことと、クオリティオブライフが高いことはイコールではないとニャッキのときに痛いほど感じたのに。それでもこの小さい子達に辛い治療を強いる自分をどうかと思う。鼻をぐずつかせながら、小さく丸まったザビの身体に両手のひらを置いて、沢山愛情が入るように長い間ゆっくり撫でていた。手当てという言葉があるくらいだから、手のひらから伝わる愛情は大きいだろうし、治って欲しいという念も通じるはず。

最後の貴重な時間を共に過ごせることに感謝している。ふわふわで柔らかい被毛に包まれたザビの身体の温もりを感じ、『ザビはまだ生きている』と喜びに浸っている。

オス猫ザビちゃんお外を堪能中

2010-04-08 09:18:31

胸腺型リンパ腫の度重なる再発が見られるザビちゃん。ひなこがザビに毛繕いをしてあげて、ザビも有り難く姉猫の気持ちを受け入れていますが、その力強さに身体全体がグラグラとしてしまいます。日々大変だけど、今のところは穏やかな時の流れる日常です。

先日、ぴょんの散歩を玄関先で羨ましそうに見ていたザビを、抱っこして表に出てみました。室内飼いなので怖がってカチコチになっています。抱っこしたままゆっくり動いて玄関先に座り、草木の匂いを嗅がせたり、風を感じさせてあげました。それ以来、玄関先での抱っこ外出が気に入ったようで、私の夕飯が済む頃には玄関に座り、「ボク表に出たいの」とせがむようになりました。この先の命が短いザビ。よし、希望は何でも叶えてあげようじゃないの、とここ数日はまずはぴょんの散歩、次はザビの玄関先抱っこ、そして羨ましがるひなこにも同じ玄関抱っこをしてあげています。こういうことは、ビョードードーじゃないと拗ねるからね。

そしたら、一昨日の夜、何を思ったかザビが私の腕から飛び出して行った。車の往来はほぼ無いに等しい我が家の近隣。鳴きながら走り回るザビに、母猫ハナが反応して戻るように呼び掛けます。ザビはお向かいのブロック塀を駆け上がり、私に捕まらないよう軽快に前を通過し、飛び降りたと思ったら車の下へ逃げ込んで、さらに楽しそうに小走りをする。外を堪能するザビ。複雑だけど、何だかとっても嬉しそう。私が「もう帰るよ〜」と、声を掛けると車の下から「ナオン！」と出て来てお座りする。「おいで」と呼ぶと素直に抱っこされるとても可愛いザビ。帰宅後は暖かい濡れタオルで足裏を拭きました。走り回れるってことは元気な証拠。でも次はリードをして玄関に座らなくては。あんなザビを見てこちらが満たされました。

残りの時間がある猫

2010-04-09 23:38:15

知人の猫が事故死した。私も可愛がっていたので、知らせを聞いてショックを受けた。ぴょんのお腹に顔をうずめ「ぴょんは急に死んじゃわないでね〜」と大泣きする。感情的になった飼い主に、ぴょんはやれやれと言わんばかりにしばらくフワフワで広いお腹を貸してくれる。最近泣いてばかりの私。

明日は、ザビとひなの通院。ザビは背中の毛まで脱け始めた。外を走り回れたとはいえ、副作用で身体はボロボロ。毛繕いで片足を上げてもバランスが取れずによろけてしまう。前回の抗ガン剤は効いたのだろうか。これ以上の治療は耐えられるのだろうか。もう治療は嫌だと思っているのではないだろうか。ヨレヨレになった彼を見て色々な思いが過ぎる。

でも、私が自分の決断に疑問を感じるのはザビに申し訳ない。彼が爪とぎをして、伸びをして、窓から外を眺め、ご飯を催促し、膝の上で甘えて寝ている限り、残されている治療法を探ろう。彼を看取る現実はまだ考えまい。ザビは生き続けられるだけ生きようとするに決まっている。

ザビちゃん抗ガン剤の耐性　2010-04-10 23:53:52

現実逃避かなあ。昨日の夜からずっと緊張しっぱなしで、今朝はなかなか起きられなかった。前回入れた抗ガン剤の効果が今日には判る。あの強い薬が効かなくなるということはかなり末期に進んだという証拠になってしまう。

ぴょんと並ぶくらい大きく成長すると思われていたザビが日々痩せていく。「いつかまた大きくなる」なんて勝手な期待があったけれど、もうそんなことはないのだとどこかで判っている。

病院に着いても、ひなことザビは興奮して鳴き止まなかった。それがあんなに鳴き叫んでいたひなこが、診察台の上では落ち着いて横座りをして先生を見上げたため、診察室は笑いで溢れた。「こんなに肝が座った猫はなかなか見ないね」と先生が言い、和やかな雰囲気になったが、こんなに楽し気にいられるのも今だけなのだろうとどこかで感じていた。ひなこの状態には大きな問題はなかったが、メンテナンスのため弱い抗ガン剤を入れた。そこまで深刻ではありませんとの先生の言葉に安心した。

一方ザビは、診察台の上でもガタガタと震え、聴診器を通して聞こえる荒い肺の音が、興奮によるものなのか、腫瘍によるものなのか判らないと言われるほどだった。検査結果では、先週入れた強い抗ガン剤は全く効かず、腫瘍も更に肥大して既に気管を押し上げて呼吸を苦しくしていると判明した。予想はしていたがショックだった。数日前から食後にしゃっくりをするようになったのも、前胸部の腫瘍が肥大したことが原因だった。

このレベルの治療をしたら通常はもっと酷い副作用が出るのに、ザビは本当に強い子だと感心される。診察室で二冊の大きな医療書を用いて、私の不在時に向けての治療法を説明頂いた。今日は持続効果が一週間しかない弱めのガン剤を使用し、来週には研修前なので三週効果がある錠剤の抗ガン剤が使うのが良いという結論になった。

帰宅後のザビは昏々と眠って抗ガン剤の副作用と闘っていた。夕方には起き出して玄関に座って外を見ていたが、この状態では玄関先抱っこも止めておくべきと判断した。でもいつの日か出たがることもなくなったら、『あの時に出してあげたら良かった』と思うだろう。その後、机でPCに向かっているとザビが鳴いて登場し、私の両腕の間に丸くなりグルグルと喉を鳴らす。ザビが死んじゃっても、こんな風にずっと彼は私の腕の間で一緒にいるんじゃないだろうか。

駆け足で通り過ぎ逝く猫たちへ

2010-04-12 23:49:20

最近はハナのチャーミングさに救われています。ハナは朝方お腹が空いていても鳴いたり噛んだりして私を起こさず、目覚ましが鳴るとフローリングに爪音をカタカタさせて小走りで登場し、ベッドに飛び乗って「ナ！ナ！」と遠慮がちに話し掛けて来ます。あまりの可愛らしさに飛び起きてしまうのですが、そんなハナが、私が不調で起きられなかった朝は、枕元で小さく丸くなって寝ていました。私のベッドで眠るなんて初めてのことで、無理矢理起こさずに待っているなんて愛しかったです。

ハナもザビも頑張っています。身体は横たわるとぺったんこですが、ご飯も食べるし甘えもします。

ハナはあまり散歩にも出たがらず、窓辺に座って外を眺めています。

今日ザビは、私がプリンを食べていた時に生クリームを舐めたがったので、少しあげました。夜にはひなこがザビに一生懸命毛繕いしていましたが、それでも起き上がらないザビを見てひなこが「おねえちゃん、ザビちゃんツライみたい」とでも言うように、私を見上げていました。

はぴばーすでい　ぴょんちゃん♪　2010-04-15 23:55:30

他の猫の闘病が続く中、四月十五日はぴょんの誕生日。実際の誕生日が判らないので、春に生まれたと仮定してヨイコ（４１５）の日とした。今日で十一歳。あの生死を彷徨った手術からもうすぐ五年。夕方に夫と両親、姉夫婦にメールを入れた。「本日夜九時より、我が家のぴょんの誕生会を開きます。皆様方には正装にてお集まり戴きたく。～メニュー～まぐろ缶白身缶 にぼし ちくわ ヨーグルト かつお節 フルーツタルト。ご参加お待ちしております。猫執事より」。そして、暖かい返信が集まり、心優しい一族がぴょんのために我が家に集まってくれた。

チョコペンでお皿に祝いの文字を書き、猫が舐めて害にならないようにその上からラップ。上に魚の形に切ったかまぼこに、かつお節、にぼしなどを盛り付けてみる。床に置くと、早速ひなこがお裾分けを与りに寄って来る。そこにザビも登場。ハナは遠慮して遠くから見ているだけ。優しいぴょんは「みんなで食べようね」とまずひなこ達に譲って見守っている。ぴょんのように大病した猫が長生きしてくれると本当に嬉しい。

粋な計らい

2010-04-17 18:25:54

先週、夕飯を食べ終わった私に、ぴょんとハナが散歩に出たいと執拗にお願いしてきた。雨上がりの寒い夜で、ちょっと気が進まない私。「猫は毎日散歩しなくてもいいと思うんだけど」と苦笑しながら、厚着をして出掛ける。犬の散歩とは違い、猫の散歩はとても気まぐれ。どこに行くのか、どれくらい掛かるのか、彼らが行きたいところに人間が付き添うため毎回ルートも違う。道の端っこをゆっくり歩き、匂いを嗅ぐために立ち止まり、時には座り込む。他の猫と遭遇して、顔見知りだとそこで集会が始まる。仕方ない、これは猫の本能を満たす行動。立ちっ放しの付添い人間は「不審者がいる」と通報されないよう、背筋をピンと伸ばして猫様の集会明けをお待ちする。

寒い夜の散歩にもかかわらず、ぴょんが意欲的に近所を回りたがった。いつもより早足で私を先導するが、ハナが途中貧血気味でなかなか付いて来れない。距離が開いてしまう度にぴょんの足を止め、「ハナちゃ〜ん」と元来た道を振り返ると、高い声で「ナーオ」と返事が来る。ハナが何度も心細そうに鳴くので、ぴょんに「ちょっと待ってあげてよ」と思いやりの無さを叱り、遅れて追いつくハナを待って一緒に進んだ。

散歩にはあまり行かない古いマンションエリアに進み、細長い猫ルートを縫って川沿いの遊歩道に出ようとしていた。そこは、通勤帰りの自転車やジョギングの方が行き来していて、猫の散歩にはあまり適さない。緊張する私をよそにぴょんはリードを引っ張って先を進み、ハナと一緒に川沿いに出たがる。その晩、幸運にも人の行き来は皆無で、ゆっくりと猫達と川沿いを歩くことが出来そうだった。

　ふと、ぴょんが立ち止まった。知らない場所だと認識して急に怖くなったのだろうか。そこに座り込んだままなかなか動いてくれない。「ぴょんちゃん寒いよ。帰ろうよ～」と声を掛けても、動かずにじっとしている。ハナもぴょんに寄り添ってじっとしている。

「あーあ」と思って川向こうに目をやると、対岸の街灯にぼんやりと浮かぶ桜の木を見つけた。ここ二年、猫達の抗ガン剤治療で気持ちに余裕がなく、春の桜を楽しんでいないことに気が付いた。すでに新葉が混ざってはいるが、街灯に照らされてとても綺麗な夜桜だった。

　ふと、ぴょんとハナが私をお花見に連れ出してくれたような気がして、あんなに寒く感じていたのに、急に思い出深い素敵な夜に変わる。堤防沿いにカーブして映る川面のライトも手伝って、キラキラとした美しい夜の光景に見入ってしまう。時間が経っても人の行き来もなく、人ひとりと、猫二匹の静かな夜。
　ぴょんちゃん、ハナちゃん、ありがとう。あそこに桜があると知ってたのかな。お花見のことなど忘れていたおねえちゃんに桜を見せてくれてありがとうね。

拝啓　ロムスチン様

2010-04-18 22:32:56

「ロムスチン様　昨日チーズテイストのペーストに練りこまれ、ザビちゃんの体内に入っていったあなた様。どうか、どうか、ザビちゃんがもう少し私達と一緒にいられるよう、ザビちゃんの体内で力を発揮して下さい」

昨日、先週ザビに入れた抗ガン剤も全く効果がなかったことが判明した。ショックではあったが、予想もしていた。腫瘍が肥大化したことにより腫瘍が更に気管を押し上げ、気管の一部は二ミリ程の狭さになっているという。あと少しで開口呼吸が始まる程に悪化していた。

「ロムスチンを入れます。最後の砦です」。先生はハッキリと言った。普段、悪い知らせは言葉を選んで下さる先生からの真っ直ぐなメッセージだった。ザビにとって最後の抗ガン剤。ロムスチンは効果が三週間。効果があった場合、三週間後に再投与が可能だが、他の抗ガン剤同様、全く効果がない場合もある。投与後は白血球数を激的に減少させて免疫力が下がるため、三週間内は再投与や他剤の使用は出来ない。また、静脈注射とは違い、飲み薬なので嘔吐に注意が必要。万が一投与後に嘔吐した場合は、嘔吐物も一緒に再度飲ませなければならないと聞いた。

ザビのレントゲン検査で胃腸に内容量があることが確認出来たので、

嘔吐を避けるために時間を置いてからの投与の方が好ましいと言われたが、自宅で処方量全てを飲ませる自信がなかったので、病院で飲ませて欲しいとお願いした。粉薬はすぐに計量され、チーズペーストと合わせて与え易くした後、口内に擦りつけられる形で投与された。

ザビは不安から小刻みに震えて耳を赤くしていた。会計待ちの間、待合室で温かいザビを抱きながら、もう治療法が残されていない事実を信じられずにいた。三週間後にまた同じ薬が入れられますように。心からそう願う。今日は我が家の猫四匹全てが体調不良。ホスピスだから仕方がない。負けるものか。私がこの状況に心身健康でいなくては。

とてつもない幸運

2010-04-22 01:05:10

来週、会社の海外研修で家を五日ほど不在にすることに心悩ましていた私。投薬はどうする？　急変したら？　私の不在はストレスなのでは？　万が一、不在中に息を引き取ったら・・。会えずに荼毘に付されるの？　嫌だ！やだやだ！　そんなの絶対にイヤだぁ！

末期ガン闘病中の猫達を夫に託して五日も家を空けなければならないなんて、猫達に何かあったら夫も一生悔いながら生きていくことになる。でも仕事は仕事。行かないわけにはいかないというのが現実。行き先はヨーロッパ。研修期間はゴールデンウィーク直前で、帰りの日程がずれ込む可能性すらあった。『よりにもよって何故このタイミングで・・』と、ここ数週間悪化していくザビとハナを見て不安で吐き気までしていた。

どうにか行かないで済む理由はないだろうか。色々考えた。偏頭痛発作が酷い私は、ドクターに「気圧変動の大きい飛行機は避けるべき」と言われていた。でも頓服薬はあるし、それを理由には出来ない。出発当日に空港に行く途中で軽く車をぶつけてしまうのはどうだろう。事故処理に時間が掛かれば飛行機の搭乗も困難になるだろう。「ねえ、出発の日に軽くそこら辺で事故っていいかな」。夫にそう聞いた時点で、自分の精神状態が極限状態にあると気付いた。ザビとハナから離れるのが嫌過ぎたのだ。

すると、出発の一週間前、衝撃のニュースが飛び込んで来た。アイスランドで大規模な噴火が起こったというのだ。火山灰はエンジンを止めてしまうため、降灰が観測される地域では飛行機は飛ばせない。欧州向けの航空便が次々と欠航となり、これは来週も飛行機は飛ばないのではないかと期待し始めた。連日、運航情報の更新を手に汗握る思いで確認していたら、出発の五日前に本社から「噴火の影響で研修は延期する」と連絡が入った。驚きと嬉しさに何度もメールに目を通した。行かなくて済む。一気に全身の力が抜けていくのを感じた。

この噴火はザビとハナが起こしたと言ってくれる方もいる。私の念も手伝ったかもしれないとおこがましくも思う。とにかく本当に良かった。このまま彼らの看病が出来る！　この展開は神様からのギフトです。ああ、この御恩はどうお返ししましょう。

2010-04-25 02:01:49

本来なら明日の朝一には空港にいた私。荷造りもせずに家にいられることに幸せを感じる。

ザビの首輪を新しく作りました。ザビのカラーであるブルーが基調ですが、元気が増すように赤と黄も入っている布で。そしてニャッキの最期もそうであったように、夜中でも彼の動きが把握出来るように小さな鈴をつけました。

ザビの通院は土曜でなく二日早い木曜にしました。頼みの綱の抗ガン剤ロムスチンの効果が出ていない場合、そう長くない間に腫瘍が気管を塞ぎ始め、開口呼吸が始まると言われていました。その場合、呼吸の負担を軽減させるために、また家に酸素室の設置が必要になります。悪化してから手配に慌てることのないよう木曜の検査となったのです。

結果はどっちつかずでした。投与から五日、効果が見て取れる頃ではあるものの明確ではありません。ガン腫瘍は少し小さくなっている程度で、血液検査でも白血球数値に大きな減少は見て取れませんでした。「吸収が悪かったのかなぁ」と先生も頭を悩ましていらしていましたが、劇的に良くなるシナリオは期待出来なさそうでした。

酸素室。数週前からその言葉を聞き、少し暗い気分になっていました。酸素室のレンタルはニャッキのときに経験済みで、ザビも遂に最期のときに向かっているのだと感じます。すぐに必要ではないものの、そんなに悠長にもしていられない。ハナも同時期に必要になるかもしれない。酸素室自体に入ってくれなくても、高濃度の酸素は大きな助けになるため、業者さんに連絡を入れました。

ハナは、大分弱って来ました。大好きな煮干しは口にしますが、ご飯はもう食べません。表にも出たいようですが、貧血で足元がふらついています。それでも、私のお風呂時にはドア前のマットに座って待っていてくれたり、朝方も枕元までよちよちと来てくれたりします。そんなハナを見てまだ彼女が一生懸命生きてくれていることが幸せでなりません。

最後は嬉しい話です。ひなこは今日の通院で、再び寛解と診断されました。腫瘍はどこにも見当たらず、今週の抗ガン剤投与は見送りでした。ひなこが元気でいてくれて有難いです。

いま振り返っても、明朝から家を離れることになっていたなんて考えられません。本当にみんなと一緒に家にいられて良かった！　自分の運に浮かれずにしっかり彼らを見守らなくては！

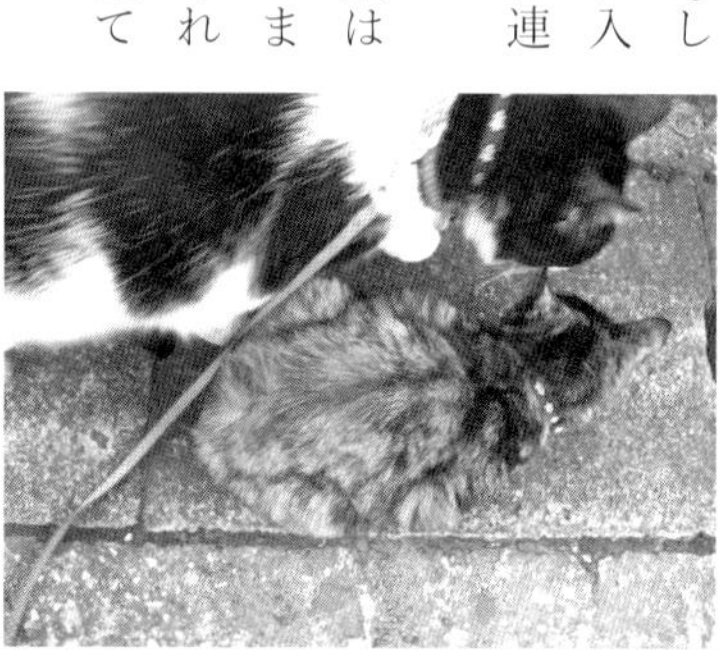

ベッド下の胎内

2010-04-26 23:27:39

日曜の朝、ご飯も食べずにハナがどこかに消えてしまった。家の中にいることは確かで探すこと五分、私のベッド下に小さく丸まっていた。本当に具合が悪くなった時に安息出来るよう、前もって用意しておいた場所。猫にとっては家の中のどこよりも居心地の良い狭くて暗い空間のはず。そして私の枕元の下であれば、私自身もベッドで仮眠を取りながら容態をチェックが出来る。

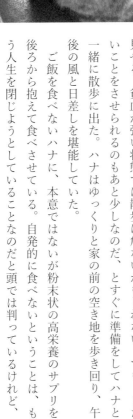

久しぶりに気持ちの良い絶好の散歩日和なのに、散歩に行きたがらずにベッド下にいるハナを見て、かなり悪いのだろうと憂慮していた。暗い中、何度か腕を差し入れ、ハナに触れて「うん。まだ暖かい。生きてる」なんて確認したりした。ハナは私の手のひらが身体に添えられる度に、少し時間を置いてから「グルグルグルグル」と喉を微かに鳴らしてくれて、それはまるで「まだ大丈夫よ」と教えてくれているかのように感じた。

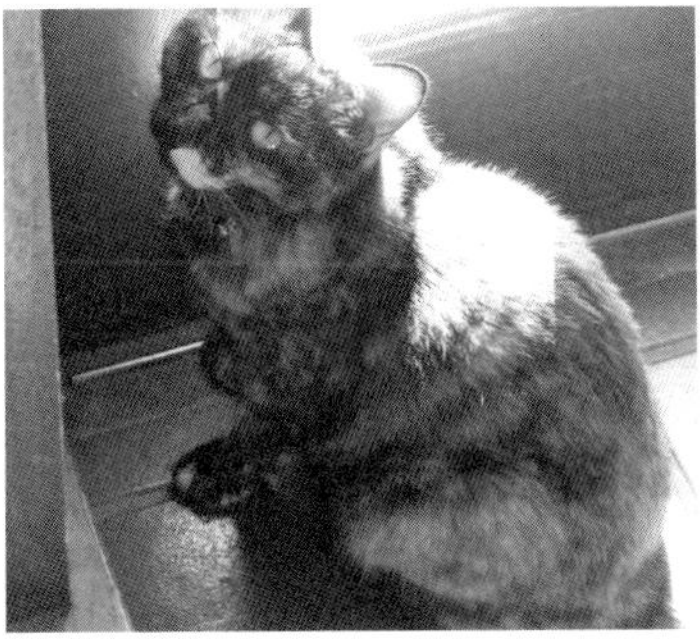

午後三時にベッド下からそろりと出て来たと思ったら、玄関先に座りこんで表に行きたい素振りを見せる。貧血が強い状態では散歩は危ないかもしれない。でも、したいことをさせられるのもあと少しなのだ、とすぐに準備をしてハナと一緒に散歩に出た。ハナはゆっくりと家の前の空き地を歩き回り、午後の風と日差しを堪能していた。

ご飯を食べないハナに、本意ではないが粉末状の高栄養のサプリを後ろから抱えて食べさせている。自発的に食べないということは、もう人生を閉じようとしていることなのだと頭では判っているけれど、せめてGWに入るまでどうにか命の時間を繋いで欲しい。ハナは嫌なんだろうけれど、私に後ろから抱えられても逃げることもなく、きちんと与えられたものを飲み込んでくれる。ベタベタになった口の周りを自分できれいに洗った後、私の横でゆっくりしてくれる。人と猫は言葉は通じないけれど、あの警戒心の強い野良猫だったハナが、今は私を心から信頼してくれているのだと最近よく感じる。

夜にぴょんと散歩に出る用意をしていると、ハナも一緒に行きたがった。でも貧血がさらに悪化し、なかなか前に進めない。歩いては座り、歩いては座りを繰り返しているが、少し先で「ハナ～」と声を掛けると、道中伏せていても立ち上がってゆっくりとトコトコとついてくる。こんな宝物をまた失うのかと思うと、人生は本当に痛みが多いと思う。

一緒に

2010-04-28 09:15:19

通勤電車の中です。現実に向き合えません。昨晩遅くからザビの呼吸が不安定になりました。耳の血管がくっきりと浮かびあがって、赤い糸で輪郭が縁取られたようでした。調子に波があるのか、夜にはご機嫌な様子で甘えもして、自分の猫ベッドへも難なくジャンプして寝ていました。それが、今朝になって一切ご飯を食べなくなりました。煮干しも食べません。ロムスチンも効果はなく、呼吸は荒くなる一方です。腫瘍で食道が狭窄しているのか、自宅で錠剤を飲ませた際に薬が一瞬詰まってしまい、ヒィと言って首を前に出して苦しがりました。すでに酸素がうまく体内を回らなくなっているようで、昨日赤く縁取られたように見えた耳の血管も、今朝は紫色に色を変えています。今日、夫が酸素室の受取りを対応してくれますが、ザビには早く高濃度の酸素を吸わせてあげなくてはいけません。苦しい思いをしたまま逝くようなことだけは避けたいです。

ハナは昨晩は久々にみんなの近くでゆっくりと寛いでいました。普通のことですがとても嬉しいです。今朝はベッド下から出てきて水を飲みにお風呂場に行きました。水を張った洗面器からは飲めずに躊躇していたので、高さの問題かと思い、平皿に水を張って顔の前に置き直すと、しばらく飲んでいました。

ハナとザビが一緒に命を終えようとしています。欧州での噴火がなかったら私はまだ不在中です。心の底から神様に感謝し、彼らの人生に寄り添います。

猫の酸素室設置

2010-04-28 19:12:53

今日、無事に酸素室が配送されました。業者さんが組み立てて下さったものの、猫達は怖がってベッド下へ逃げ込んだまま出てこないと連絡がありました。季節柄寒さの心配はないけれど、重篤なので快適なところでゆっくりして欲しい。早く帰らなくてはと仕事に励みました。飛び石連休中は、その間の出勤日も休ませて貰う手配をしました。「病気の愛猫と最後の時間をきちんと持ちたい」。言葉にしたら抑えていた気持ちが溢れ出てしまうかもしれず、詳細は口には出来ませんでした。慌てて帰るとザビもハナも寝ていましたが、危ないという状態ではありません。彼らを撫でるとグルグルと喜び、ひとまず安心しました。

酸素室は、ザビとハナが二匹一緒に入れるよう中型サイズでお願いしていて、リビング中央に設置してリフォームに取り掛かりました。去年ニャッキは、アクリルのドアを完全に閉め切ると、恐怖により内側から体当たりして出て来ようとしたので、今回は出入りは自由に出来て、且つ高濃度の酸素が逃げにくい作りにします。

酸素室内に大きなダンボール箱を入れて、上側面は布で囲い、中には彼らの匂いのついたクッションを置いて暗くして、脇から酸素チューブを差し入れることにしました。未完成のうちから、ぴょんとひな

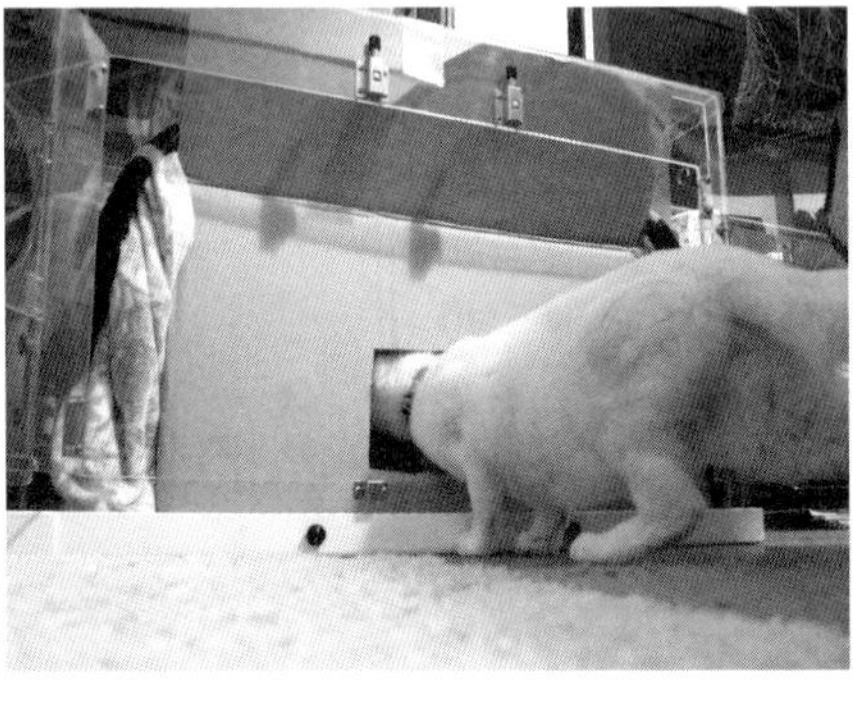

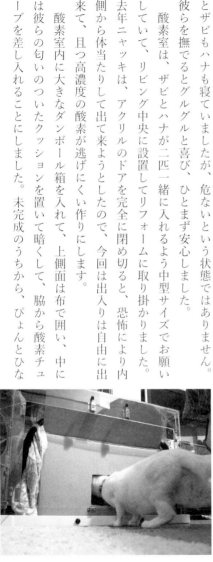

こが探検に入り、二匹とも中で寛いでいたので、どうやら作戦は成功のよう。ザビもハナも酸素室が気になるようでしたが、顔を突っ込むだけでまだ中には入りません。無理に入れると怖がって二度と入らなくなるので、入口は開けたままにして今日のところは彼らに任せることにしました。

昨日はザビの投薬中に一瞬気道が塞がり、それ以降終日食べませんでしたが、今日はウェットフードを用意するとひなこと一緒に意欲的に食べ始めたので、胸を撫で下ろす思いでした。ドライフードも出したところ、嚥下時に呼吸が一旦止まるので食べるのが困難らしく、飲み込むとオエッと何度か頭を振り、出すか飲み込むかどうにかしようとします。今後はドライフードを与えるときにも、気を付けなければなりません。

ハナは刻々と悪化しており、フードは匂いを嗅ぐだけで、引き続き絶食が続いています。彼女は風を感じるのが好きなので窓際から離れませんが、散歩には出て行きません。夜には私の膝の上に眠るぴょんの横でハナも寝始めました。あまり無いことなので嬉しく思い、彼女に手を添えていました。かなり具合が悪いようで、丸まっては横向きになり、伏せたりと刻々と姿勢を変えます。ぴょんも落ち着かないハナを心配そうに見ています。今朝は、粉末栄養剤を溶いたものを口内にこすり付けた時も飲み込むのが大変だったようでした。もうこの状態で嫌な思いはさせたくありません。食べないという意思表示を見せているハナへこれ以上の強制給仕はもう控えるべきではないかと考え始めました。これからしばらくハナと一緒にいてあげられる時間があります。元野良ちゃんとして家に上がりこみ、私の部屋で出産してくれた彼女を丁寧に送りたい。この数か月で何回「お姉ちゃんが付いてるから大丈夫」とハナに言ったでしょうか。

一喜一憂

2010-04-29 23:35:13

病気の子たちの影で、ひなことぴょんは我が儘を言うのを我慢しています。それでもたまには甘えたいらしい。酸素室内のザビの様子を寝そべって見ていると、私の背中にぴょんが乗って寛いだり、ハナの栄養剤作りをしている私にひなこが「あたちもお腹すいたよ」とパジャマに爪とぎをします。

猫の生命力は凄いですね。ハナもザビもまだ頑張っています。もう駄目かもと諦めていたのは私だけだったみたい。酸素室はミラクルを生む場所なのか、ハナは酸素室で休むようになってから悪化の速度が緩やかになっているように感じます。酸素室で寝ていたハナが、出て来てまた散歩に出たいと意思表示をしました。付いていくと前の空き地でゆっくりするだけ。ハナにとっては外で土と風の匂いを感じていることが自然なのでしょう。絶食して数日は経っているのに、散歩後にはご飯皿に近寄って来たことに驚きました。匂いを嗅ぐだけで食べられないのですが、まだ食べようとするハナを見て少しの栄養剤と薬を与えました。

この強制給餌が引き金になったのか、ハナの好みそうな白身魚のおやつを鼻先に置くと、むしゃむしゃと食べ始めました。彼女が自分の意志で食べたのは五日振りです。食後には水も飲んでいました。ハナは決して快方には向かいませんが、根治する治療法がなくても、すぐに死に至るわけではありません。彼女は強い。命のともし火は細々とはしてきたものの、まだまだ消えることはないようです。私はそれをよく理解していませんでした。

ハナが酸素室でゆっくりしてくれることで、ザビも安心して一緒に入るという好循環を生みました。今日はザビがまた錠剤を気管に詰まらせてしまわないようスプーンで細かく砕き、チーズペーストに混ぜて飲ませました。ザビは口にしたものに驚いた顔をして、すぐに大量のヨダレを垂らしました。後から知ったのですが、このステロイドは苦くて、砕くと更に苦味が増すという代物でした。薬の半分も体内に入らないし、ザビには酷いことをしてしまったと猛省中です。

また、ドライフードでも喉を詰めてしまわないようにと、フード一粒一粒を半分に割ってお皿に出しました。入れている端からザビが食べてくので、まるでわんこ蕎麦のよう。しばらくリズミカルに食べ進め、満腹になると自ら酸素室に入り、夜はそこで過ごしていました。酸素室内では息も楽だと実感したのでしょう。ひなこも中で一緒に寄り添い、ザビに毛繕いをしてあげていました。

チアノーゼ　2010-04-30 03:14:25

朝方、ザビはご飯の催促もせず、酸素室からも出てこず、出て来ても床に伏せをしたまま目を閉じて倦怠感を遣り過ごしていました。嫌な予感がしましたが、とりあえずサプリメント入りのウェットフードを用意しました。ゆっくりでも食べたのは良かったのですが、食後に小刻みに震えだし、目や口の粘膜が全て青紫に転じました。毛も逆立ち、見ていてとても不安だったので慌てて酸素室まで抱っこして、背中を押して自分で歩いて入るように促しました。そのままぐったりと倒れこむようにして入ると、酸素室には既にハナが寝ており、そのハナに向かってザビが「ウウウゥ」と威嚇しました。苦しかったからなのか、あんなに険しいザビは始めて見ました。こんな状態で薬をあげたら、気道が塞がると思い、飲ませる予定だった薬は諦めました。

ハナとザビは一緒に寄り添って寝ていましたが、しばらくしてひなこがそこに加わり、三匹で満室となりました。狭さを不快に思ったのか、ザビが外に出て来たため、酸素チューブをザビの鼻先に置き変えました。

翌日にはひなこの抗ガン剤治療が予定されていました。悪化のスピードが速いザビと出来るだけ一緒に居られるように、ひなこの治療日を一日前倒しにして貰い、病院へ向かいました。ザビを連れて行くことはもうありません。残念ながら、彼にはもう治療法は残されていなく、さっきの震え

を目にして、移動自体がもう無理なのだと悟りました。

病院ではひなこは引き続き順調だと確認が取れました。ひなこに抗ガン剤を入れている間、話題はザビのことになります。ご飯は食べるけれど、どうやら息が出来なくなり始めていると伝えると、移動中に命を落とす危険性があるのでもう連れて来ない方が安全だと言われました。薬に関しては、息を詰まらせないように飲ませることが可能なら、痛みを軽減してショック緩和の作用があるステロイドだけはどうにか飲ませて欲しいが、無理はしないようにと念押しされました。

ザビがもうそんなに長くないのであれば、最期のことを相談しておく必要がありました。ザビはGWを越せるか判りません。通常は、休祝日の往診は受けていないようですが、先生は「連絡をくれれば・・・」と仰って下さいました。眠らせるのは反対。今でも気が進まないし、命の時間を操りたくない。でも、ザビが私の目の前で苦しみながら窒息して死んでいくのは避けたい。安楽死は大きな葛藤を越えて出した答えです。先生のご厚意に感謝し、最期に対する不安は無くなりました。

ホッとした為か私がダウンし、強い薬を服用してソファで横になっていると、誰かがピョンっと私の身体に乗ってきました。水色の鈴が見え、それは酸素室で寝ているはずのザビだと気付きました。ザビは何だか全体的に仄かにピンク色に見え、血色が良くなっている気がしました。くるんと私の身体の上で方向転換をし、私に寄り添って寝始めました。

私にくっ付いていたかったのだと思います。途中から私に覆い被さるようにゆったりと大きく身体を伸ばす様子は、さっきまで青白い顔をしていたあの猫とは思えませんでした。ザビを起こさないように、一眼レフに手を伸ばして、穏やかなザビちゃんの貴重な一枚をカメラに収めました。

ハナとザビは大変な状況ですが、飼い主の私が彼らの底力を見くびっていました。まだまだ行ける。まだまだ一緒に時を刻める。酸素室だってある。食べたいのに食べられないなら栄養剤もある。彼らが生ようとするのなら、おねえちゃんは何でもしようと思います。

でも、どうかどうか、病に侵された器を脱ぎ捨てて魂に戻るとき、ニャッキが出迎えてくれて、毛繕いをし合って、軽くなった身体で一緒に走り回れますように。姿は見えなくなっても、おねえちゃんは君達を感じながら生きていくから。お空に逝くのは怖くないから。限界だと思ったら、頑張ってと繰り返し言うおねえちゃんのことは無視して、ニャッキちゃんの元へ走って下さい。

おねえちゃんは淋しくて会いたくてたまらなくなるけど、ニャッキちゃんはみんなに会えて嬉しいはずだから。そんなヒドイ身体で苦しみながら一日一日生き続けるよりも、ニャッキちゃんがいるところはとても良いところだそうだから。

心でそう思っていても、口に出せないまだまだな私です。

プリンアラモード

2010-05-01 23:35:13

ザビはもう長時間高濃度酸素なしでいられなくなり、一歩悪い方向へ進みました。ハナは今日散歩に出たい素振りを見せませんでした。もう無理だと悟ったのでしょうか。

今にも危ない動物を二匹ケアするのは難しいです。ザビに薬を飲ませる用意をしていたら、隣でハナがまっ黄色の胃液を吐きました。どちらに何を先にしてあげたら良いか手が止まってしまいます。

昨日病院で、看護師さんから「病気で寝たきりになると運動量も少なくなるため便秘になりやすく、トイレで力んでそのまま力尽きてしまう子もいるので気を付けてあげて下さい」と言われました。『夜中にトイレに行ったのを気付いてあげられなかったらどうしよう』と新たな不安を抱きます。

寝てる間に時を迎えたら。ハナは眠るように逝くと聞いていますが、ザビは呼吸が出来ず苦しんで逝くと言われています。寝てる間に何かあったらと思うと眠るのが怖い。今のうちにちょっとひと休みと思い、どうせ仮眠するならザビに手を添えたいと思い、酸素室の前に横たわってザビを触ったまゝひと眠りしました。

ザビは食欲がないのにまだ生クリームは嬉しがって舐めます。今日は一緒にプリンアラモード食べました。食後や酸素室以外ではちょっとした隙にすぐ青紫色になってしまうザビ。

明日もまた、彼がクリームを舐めてご機嫌で「ナオ」と鳴くのを聞けますように。

ザビちゃん、ずっとずっと愛してるから

2010-05-02 15:36:58

ザビは今日の昼過ぎに苦しみから解放されました。
たくさんの励ましを支えとさせていただきました。
ありがとうございました。

さよならまでの六時間

2010-05-03 00:56:22

ザビは死んでしまってもいい匂いのする猫で、今晩はザビから離れられそうにありません。また、ハナが酸素室に朝から篭城状態なのでハナにも気を配りつつ書いています。

昨晩のザビは薬が飲めるほどの食欲もあるわけなく、ウェットフードを半人前食べて、夜には酸素室へ入ってしまいました。夜の抗生物質も飲ませていません。もう薬なんてこの先あげられないのではないかと思っていました。私も一度ベッドに入りましたが、ザビの近くにいたい気分になり、掛布団と枕を抱え、酸素室の入口に横になりました。中に腕を伸ばしてザビを撫でながら目を閉じると、酸素室の中でザビがグルグル言っているのが聞こえました。酸素チューブから出る風で中は冷えるのだと知りました。今夜は気温が下がるし、いま中にペットヒーターを仕込んでおいた方がいいかな、ザビはあまり食べてないから体温上がらなさそうだし・・、でもザビを起こして外に出してセットすのも良くないな・・など考えながら、ザビを撫でたまま眠ってしまいました。夜中のいつの時点か、ザビが酸素室から出て来たような気がしましたが、不覚にもそのまま眠り続けてしまいました。

早朝に酸素室の中を見るとザビがいたので安心してまた寝ようとしたところ、よくよく見るとそれはひなこでした。中を覗き込んでも一匹しか寝ておらず、慌ててザビを探すと、ザビはいつもの自分の猫ベッドで横になっていました。そこで寝ているのは苦しかろうと、慌てて酸素チューブを手繰り寄せ、ザビの顔先へと向けました。

その瞬間、ザビはパニックを起こしました。寝ていた姿勢から急に起き上がり、胸を後ろに反らして、「ヒィー！ ヒィー！」と息をしました。吸った息を吐くことが出来ないという様子でした。慌てて、ベッドの中のザビを抱きかかえ、「大丈夫！ ごめんね！」と落ち着かせましたが、ザビは私の胸の中で呼吸を取り戻しつつ、ぐったりと猫ベッドへ倒れこんでいきました。昨日からかなり悪化していて、この瞬間に「ああ、今日なんだ」と察しました。

そのうち夫が起きてきて、今日先生に往診に来て貰うと伝えると、ザビを目にして「耳の血管も赤いし、まだ大丈夫ではないか」と言い出しました。「さっきのパニックを見ていないから」と言いましたが、人に反対されると決心も鈍ります。まだ朝七時前。病院が開くのは九時なのでまだ時間はあります。顔から離れた場所から酸素を送り、様子を見ていました。それが一体どれ程役に立っているのか判りませんでしたが、ザビは眠りに就き始め、寝ては起き、起きては寝を繰り返しました。起きる度に瞬膜は中央までせり出し、目は三角になって、寝たまま右足で何度も何度もオイデオイデと宙をかいたり、夫の存在を極端に怯えたりして、意識が朦朧とし始めていることが見て取れました。もう脳に酸素が上手く回っていないようでした。

九時になり病院へ電話して先生に往診をお願いすると、十二時過ぎには来て下さることになりました。電話で「症状が症状なので難しい

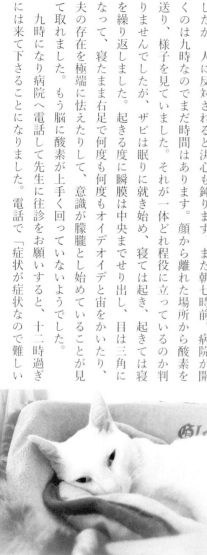

かもしれませんが、出来ればすぐに眠らせるような即効性のある薬ではなく、私が抱っことか手を添えてあげている間に眠れるような薬もご用意いただきたいのですが・・。ニャッキの時と同じではなくもっと穏やかに逝けるような・・」と、涙声にならないよう希望を伝えたところ「鎮静剤でゆっくり逝くのとすぐに反応があるのと二方法あるので、両方用意して行きます」と仰って下さいました。

あと三時間でザビとお別れ。信じられませんでした。

朝からザビに掛かりっぱなしの私に、ひなこがご飯の催促をしました。カリカリを器に出す音にザビが反応したため、私は無謀にもザビの好物の煮干を顔の前に差し出してみました。息が詰まらないか心配でしたが、齧りついて数回苦しそうにしていたものの、頑張って飲み込んでいました。まだ大丈夫なのだろうかと一瞬希望の光を見ましたが、その後は変な呼吸音を繰り返していました。今日往診に来て頂かなくても、明朝まで無事だという確信は持てませんでした。

ザビに寄り添い、お腹に添えていた私の手はいつのまにかザビの足の間へ引き込まれ、お腹を揉むと彼はグルグルと喉を鳴らしていました。しばらくすると、猫ベッドの中のザビは細目を開けてグルグル言いながら、私のTシャツに手を伸ばし、手をグーパーグーパーとしていました。こんな時まで私に甘えている・・。ザビの気持ちに触れた気がして、涙

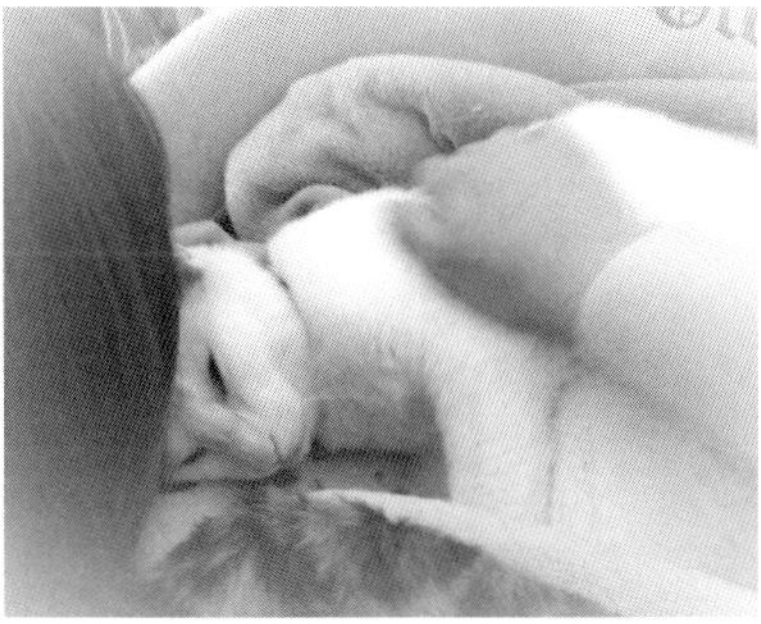

が止めどもなく溢れました。

十二時が過ぎ、先生と看護師さんを乗せた車が到着しました。夫が家に招き入れ、先生が静かにザビに近寄りお腹に聴診器を当てるまで、ザビはそのままじっとしていました。「ザビちゃん、いい子だね」と私が声を掛けると、ザビはハッと驚いてベッドからテーブルの下まで猛ダッシュしました。

「あれくらいの状態だと、鎮静剤は通常量の十倍は入れないと効かないと思います」と先生は言います。「どうですか？　まだ頑張れそうな感じですか？」と聞くと、「判らないです。急変する病気だし動くと悪化しますから。今、開口呼吸していたらもう危ないと思います」と仰いました。テーブル下を見ると、ザビは口を縦に開けて一生懸命に呼吸をしていました。

「先生、駄目です。やはり今日みたい」と泣きながら伝えると、先生と看護師さんが私を見るので「ニャッキと同じ薬でいいです。ザビがその方が楽なら」と伝えました。言いながら『呼吸困難でザビを亡くさないうちに、捕まえなければ』とザビのいるテーブル下に急いで潜りました。

ザビは口を大きく開け、苦しさから見開いた目で私を見据えて、ひなこの後ろで捕まらないように右に左に動いていました。酸素室に逃げ込む手前で捕まえましたが、直後には馬が嘶くように「ヒィー！」と声を出し、大きく身体を反って抵抗しました。先生と看護師さんは声を掛けあい、医療ケースから急いで薬を取り出し、私が上半身、看護師さんが足を抑え、先生は足の血管に注射針を寄せました。暴れようとするザビの顔に私は自分の顔を押しつけて覆いかぶさり、「大丈夫だから！

大丈夫だから！　お姉ちゃんいるから！」と、近すぎて全く見えないザビに叫び、涙でザビの顔を濡らして押さえつけていると、ザビの上半身の力がふわっと抜けて、その瞬間舌がだらりと床に伸び出るのが見えました。

私は鼻先にぼやけて見えるザビを見て、全てが終わったことと知り、舌を口の中に入れてあげて、瞼も閉じて、ぐにゃりとしたザビをバスタオルに包み、抱っこして泣きました。先生にお礼を言ってお見送りをした後も、しばらくザビを胸に泣き続けました。

楽にしてあげること。それは楽にする方にも心の傷を残します。直前まで私にグーパーして甘えていたザビを、息が止まりそうな状態なのに追い回して押さえこみ、そこで彼の命を終わらせました。今までどれだけの時間を看病に費やして、存分に甘えさせても、最後にひどい怖い思いで生涯が閉じれば、すべての良い思い出を帳消しにするのではないかと思い悩みます。

ザビちゃんにありがとうをたくさん言いたいけれど、いまは「最後は怖い思いさせてごめんね」しか出てきません。でも、それではいけないね。ザビの死に申し訳ない。

ザビちゃん、おねえちゃんの猫になってくれてどうもありがとう。

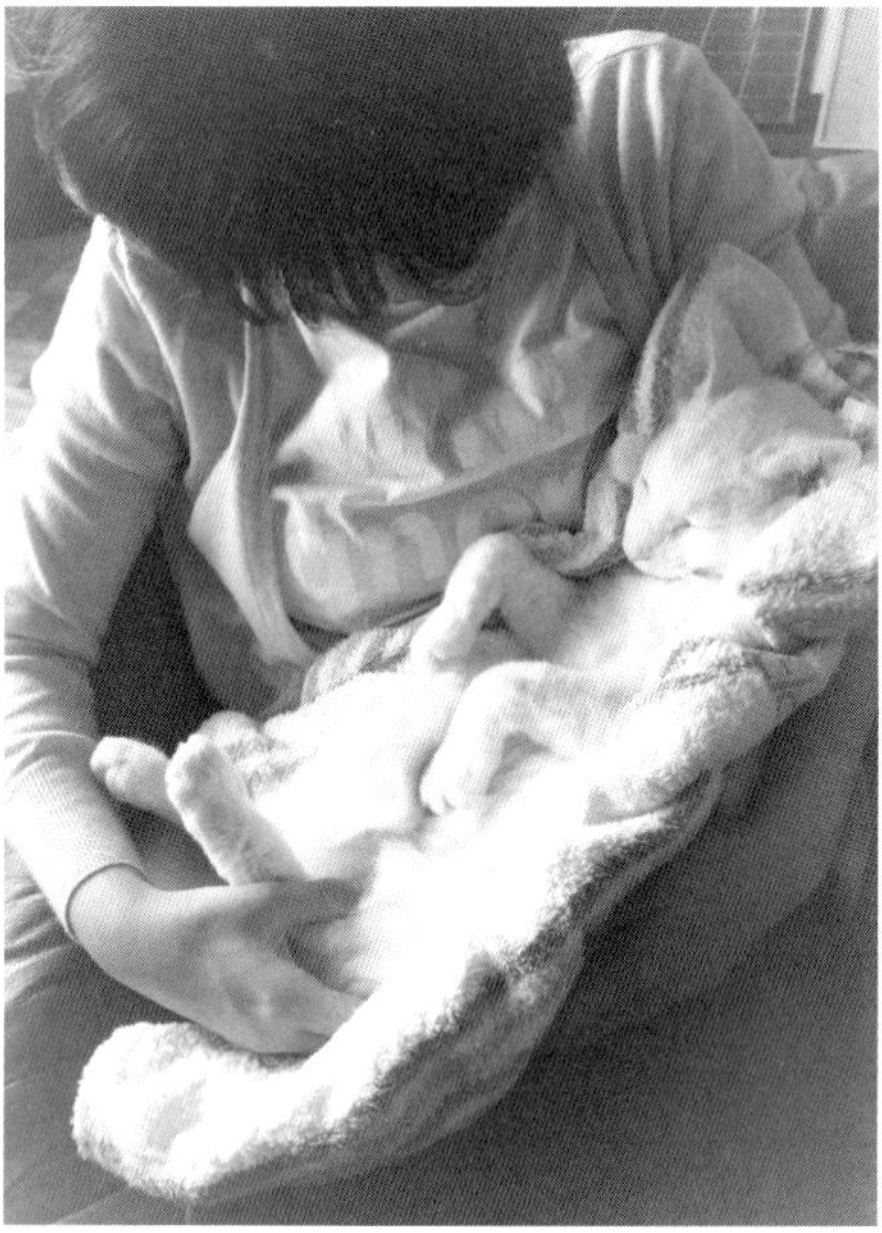

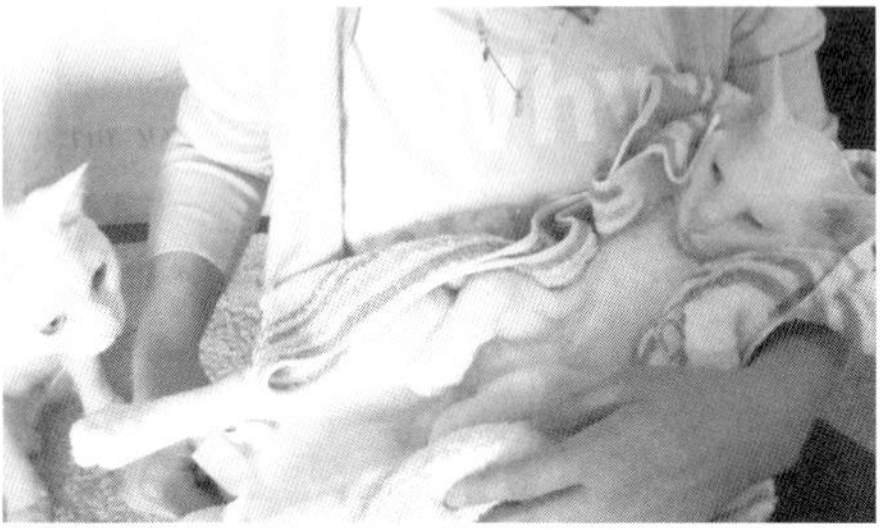

残されたものたち

2010-05-03 13:57:47

　ザビが逝って三時間くらいは、夫としみじみとザビの思い出話に暮れていましたが、家でふと気づいたことがありました。ぴょんやひなこはしばらくの間普段同様に寛いでいて、ザビの亡骸に近付いてもお尻回りの漏れを嗅ぐ位に留まり、「死」に対する恐怖がないように見て取れました。ハナは、ザビが旅立った時は酸素室内でしたが、酸素室正面でザビが息絶えた為、何が起きたかを中から見てしまったかもしれません。あのような光景を母猫に見せてしまい、申し訳ない気持ちです。

　そのうち、ひなこは寝かされて起きないザビのことを一生懸命毛繕いし始めました。「起きて、起きて。ザビちゃん。どうしたの？」とでも言っているようでした。

　その後、ザビの棺に入れる花を買いに街へ出て戻ると、信じられない光景を見ました。ひなこがザビの亡骸の上に頭を合わせて寝ているのです。同じ父親のＤＮＡを持ち、ザビとは双子のようであったひなこは、遊ぶのも寝るのもいつもザビと一緒でした。ザビがいなくなったことが、ひなこに堪えないわけがありません。冷たくなっていくザビの身体を温めようとしているのか、ザビの死を受け入れて

いるのか判りません。その後も家中を「ニャーオニャーオ」と鳴きながらしばらく歩き続けていました。ザビの姿を探しているのか、可哀想で仕方がありませんでした。

　そして、ひとつ不思議なことがありました。その晩、夫と一緒にザビを囲み、ザビの話をしながら亡骸にブラッシングしている際に、耳元でグルグルグルグルと喉を鳴らす音が響きました。ハッとして夫を見ると、夫もこちらを見ています。同時に「聞こえた？」と互いに尋ね合いました。その優しい音はザビの亡骸から聞こえたわけではなく、空気中に柔らかく響いていて、亡骸をきれいにしていることに喜んでいるように感じました。

　ザビは、まだ寝ているだけなのではないかと勘違いしてしまいます。話し掛けそうになり、冷たく動かなくなった身体に触れて、もう死んでしまっているのだったと現実を受け入れています。

　これから霊園へ向かいます。目の前からザビの身体がなくなるのは悲しい。また、生まれ変わったら私の元に来て欲しいと心から思います。

ハナの看病に切り替えです

2010-05-03 23:53:51

　昨晩はザビの見送り準備などがあり、酸素室内のハナのことは何度か様子を見に行く位で、ゆっくりと寄り添うことは出来ませんでした。ザビの身体を荼毘に付すまで亡骸に寄り添っていたいけれど、悲しみに暮れている間にハナに逝かれたら後悔が残る。ハナももう待ったなしの状態だということは判っていても、頭の切り替えが上手く出来ませんでした。ザビの火葬の間は、母にハナを見て貰うようにお願いしていました。

　霊園へ行く前に数時間あったので、ハナのいる酸素室の前に横になり腕を伸ばしてハナに触りました。酸素室の中は暗く、ほとんど見えません。手探りでハナのお腹に手を伸ばすと、ハナは横たわっていて私の手をゆっくりと両足で挟みました。じっと私を見つめる瞳だけは暗い中でもきれいに光っていて、お腹を触るとグルグルと喉を鳴らし始めました。そのとき初めて、ハナがずっと待っていたことに気が付きました。こんなに具合が悪くても喉を鳴らすくらい待っていたんだと。ハナは私の手の感触を心地良く思っているようで、薄暗い中で彼女の目が段々細くなり、小さくキラリと光る輝きがずっとこちらを見ていました。

　頭の中で最近のハナのことが巡りました。三月初旬に消化器型ガンだ

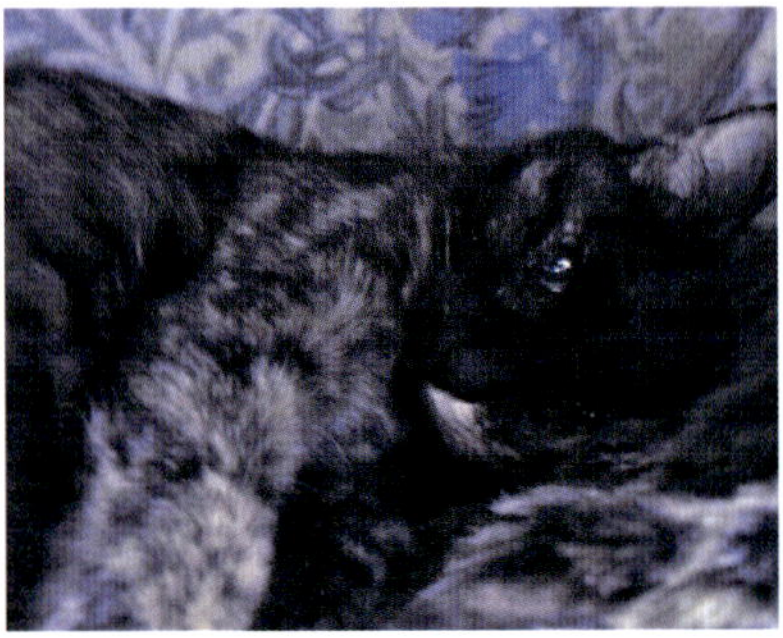

と判明し、まだ二ヶ月も経っていません。四月末まで持つか判らないと言われたこと。抗ガン剤は使えないと初診で告げられ、抗ガン剤の副作用に苦しむハナを見ずに済むと安堵したこと。体力が落ちていくハナがそれでもぴょんと一緒に散歩しようとすること。酷い貧血と闘いながらも、私の傍にいようとするハナを愛しく感じながら、一日でも長く生きて欲しいと祈り続ける日々でした。

喉を鳴らしていたハナが酸素室からふらつく足取りで出てきて、外に出たいと玄関先に座り込みました。私を見上げ、か細くひと鳴きします。まさか、表で死ぬことを望んでいるのではないかと不安になりましたが、表に行きたいハナの希望を叶えるべくリードを着けて前の空き地まで出てみました。表に出ても、数歩ずつしか歩けないハナ。

それでも、空き地に出て低木の木陰にて伏せているハナは末期ガンとは思えないほど視線が鋭く、神経を研ぎ澄ませてじっとしていました。近隣の猫達がどこからともなく集合し、ハナを囲んで猫集会が始まります。久しくハナの姿が見えずに心配されていたのかもしれないと私も近くに腰を下ろしてその神秘的な集いに付き合いました。

外から帰宅すると、ハナはまた白い泡のようなものを嘔吐し、その音にひなこが反応して飛んで来ました。ハナはそれからお風呂場で少し水を舐め、玄関からさっきまで居た外を眺めていました。窓を開けて風を感じられるようにしてあげると、小一時間風を感じて寝ていました。

ひなこは泣けない

2010-05-04 21:39:38

火葬も終わり一段落すると、どうしても事実に向き合わなければならなくなる。ザビが死んじゃった。死んでしまった。遺影用の写真を探してみると、驚いたことにザビの顔写真があまりない。あんなに大好きでベタベタに甘やかしていたザビなのに、一匹で正面を向いている最近の写真が全くない。やっと見つけた一枚は三ヶ月前に撮ったもの。抗ガン剤治療が一年以上続き、実際はガリガリだったのだけど、逆光のせいかフワリとふくよかで穏やかに見える。

遺影を置くと、急にたまらなくなる。持ち帰ったお骨の煌びやかな入れ物も「お骨です」と急に存在感を増す。遺影に向かい「ザビちゃん」とつぶやき、どれくらいそのまま見つめているか。さめざめと泣いたり、号泣したり、何度も「怖い思いさせてゴメンね」と謝り、「今でも心からザビちゃんが大好きなんだ」と伝えることを繰り返している。ザビは病院に行く度、いつも震えて非難めいた鳴き方をしていたけれど、帰宅してキャリーから出すとすぐに私の足元に転がってお腹を出す機嫌のいい子だった。だから謝り続ければ、愛が故だったと判ってくれる気がする。それでも、自責の念とは別に喪失感から来る悲しみも大きいわけで、涙は枯れることなく流れる。タオル越しに抱っこした時のぐにゃりとした感覚や、冷たく硬直してしまった身体を抱きしめて声をあげて泣いた痛みが突然思い出され、どうしようもない悲しみに襲われてしまう。

ザビが死んだ日の夕方から、ひなこが部屋の中途半端なところに長く居ることに気が付いた。今ま

でそんな場所で寝たことはなかったので、不思議に思っていたら、繰り返し見るうちにハッと気付いた。ひなこがここ二日身体を預けて寝ている場所は、ザビが最期に逝った場所。そして、そこにはザビが最後少し失禁したことから、カーペットにザビの尿臭が残っていた。ひなこにとって、その場所は唯一ザビの存在を確認できる場所だったのです。

それに気がついた時に、急にひなこに申し訳ない気持ちになった。私達飼い主はいつザビが他界することになるのか知っていたため、別れに対して心の準備が出来ていたが、ひなこにとってザビの死は突然訪れてしまった。ひなこはザビの通院にも付き添っていたし、生まれてからずっと双子のように連れ添っていたのに、ある日突然おしっこの匂いを残してこの家から姿がなくなってしまった。

ひなこはまだ家中ザビを探して回る。鳴いてご飯を催促する元気さもない。ふと見せる表情も、泣きはらした顔のように見える。ひなこの悲しみを考えると、私なんてめそめそ出来ないと思った。ひなこがどれだけの喪失感をやり過ごしているのか、見当がつかない。そして、人間でいるのが少し嫌になった。

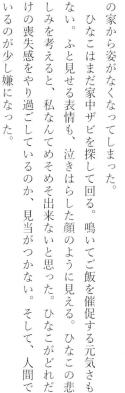

ハナの貧血による脱水症状

2010-05-05 20:58:49

昨日の朝、ハナが頑張ってお風呂場にお水を飲みに行くも辿りつけないのを見て、水だったらシリンダーから飲ませられると手にした。総合栄養サプリと鉄分サプリを水素水で溶き、シリンダーに十ミリリットル用意する。ハナの口の脇に差し込み、時間を掛けてあげると体内に入っていく。

夜中一時にハナが家の中を歩き始めた。貧血が解消したのだ。三時半に「カタカタ」という音が聞こえたので起きたところ、ハナが玄関の引き戸を開けて表に出ようと頑張っていた。ガリガリに痩せて力も出ないだろうに、本当に外が好きなんだ。夜中に散歩に行くわけにはいかないので、窓を開けて風を感じさせてあげる。ハナはしばらく窓際で寛ぎ、酸素室ではなくベッド下へ入っていった。

朝五時にはまた玄関に座っていて、駄目元でリードを付けて表に一緒に出るが、貧血がひどく玄関先の階段も二段しか下りられない。しばらく一緒に表の風を感じてゆっくり近くを歩いたが、道の真ん中で座り込んでしまったため抱っこして帰宅した。少しでもまた自由に動けるようになって良かった。帰宅後は、驚いたことに普通に水を飲んだ。栄養補給は効果があるのだ。

ザビへの行い

2010-05-07 02:41:36

「猫も四匹もいれば一匹減ったところで寂しくはないのでは?」とか聞かれるけれど、そんなことは全くなくて。闘病中のザビは活発ではなかったものの、一匹が欠けただけで、家の中のバランスが変わったのが判ります。そしていつも彼の姿を探してしまいます。

ハナのことがありまだ緊張して暮らしている状況だからか、ザビへの感情は一旦脇に置いていました。ただ、最期の記憶が時間の経過と共にクリアになってきて、やっぱりあの日がザビの限界だったと思えるようになりました。もう方法がなかったと。今はそれだけが本当に救いです。あの日は恐らく夜も越せず、あの時点でお別れをしなかったら、晩に苦しむザビを見ながら成す術もなく、ザビの「助けて欲しい」という視線に絶望を感じていたのではないか。実際、眠らせる作業に私が加われて良かったと思えるようになりました。ザビにとって私は家族だから。抱っこしてゆっくり眠らせることは叶わなかったけれど、せめて家族の私が押さえつけて「大丈夫」と近くで言ってあげられて、良かったのではないかと。こうやってどんどん自分の行為を正当化して、記憶に変えていくんですね。事実だけ振り返ると潰されそうになるから。

携帯の待受画面はザビの最後の日のものに変えました。元気な時の可愛い写真もあるけれど、ザビがガンと闘った過去からまだ目を背けたくなくて。痩せたその身体でこちらを見つめるザビの顔を見て、いつも通り話しかけて「本当にありがとう」と愛しさに画面を撫でています。

ザビも「こっちでもうニャッキにも会えたよ〜！」って言って、二匹で仲良く走り回っていれば良いのだけれど。

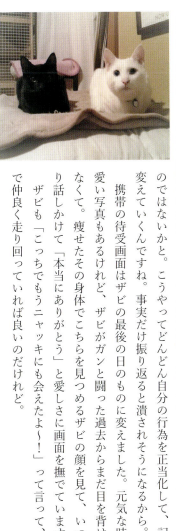

トイレに行けないハナ

2010-05-0710:22:18

昨晩は一度もベッド下から出て来ることなく朝を迎えたハナですが、数回様子を見に行った際も目に力もなく、あまり状態が良くありませんでした。数時間、寝返りも打たずに虫の息です。ごめんねと声を掛けながら明るくして中を確認すると、ハナは下に敷いた毛布におしっこをしていました。掃除しながら『猫のような自分の匂いに気を配る生き物が失禁してそのまま寝ているなんて。もう限界なのかなぁ』と溜息をついていました。

朝一で机に向かい、窓を全開にして外の空気を入れると、ハナが私の足元にヨロヨロと辿り着き寛ぎ出しました。酷い貧血の中、まだ歩けることが意外でした。しばらくそこでゆっくりすると、今度は表に出たいと玄関に座ります。一緒に散歩に出ると、ハナはまるで昔の野良ちゃん時代によくしていたように車の下で寛ぎ、外猫用に用意している溜め水を飲み（うちの中にある水の方が新鮮なのに）、大好きな空き地や駐車場へとゆっくりと時間を掛けて訪れました。小一時間外で寛いだ後、少し寝かせたほうが良いと思い、抱っこして中に入れました。戻ってから何度か様子を見に行きましたが、たっぷり外で水を飲んだお陰で、かなり熟睡しているようでした。

午後にガサゴソと音を立ててベッド下から出て来たので、中を確認するとまた毛布に大量にオシッコをしていました。不快に思って這い出て来たようですが、やはりトイレにはもう自力では行けないのです。匂いがついた場所をきれいにして不要な別の毛布に敷き変え、またオシッコをしても良いようにペットシーツを敷きました。すると、ハナは早速ベッド下に戻って眠り始めました。

私はどこかでハナに負い目があるんだと思います。ハナの通院はあまり手が打てない状態になってからでした。だから不安そうにしているハナに「お姉ちゃんがいるから大丈夫」と声を掛け続け、寄り添うだけならどれだけでも寄り添うと決めてケアして来たんだと思います。

この週末は越せるのだろうか。ハナを一匹で逝かせたくない。ザビを亡くしたばかりのひなことぴょんも、私の不在中にハナが息絶えたら動揺するでしょう。今週末私がいる間に亡くなって欲しい。勝手なことを言っているのは判っています。でも来週は欠勤が許されない状況。死に目に遭えないかもしれない。誰もいない家で旅立たせることになるかもしれない。

不安が渦巻きます。でもハナは私がいようといまいと全力を尽くして自分の命に向き合っている。だから、万が一の時に一緒にいてあげられなくても、私はハナの生き様をこの目で見て来たし、ハナの限界が来たのだと理解しようと思います。ハナはカッコ良くて強く可愛い母です。全力で与えられた命を生き抜いています。

ハナ　大好きな草むらへ

2010-05-09 20:32:58

ハナが夕方他界しました。
最期をひとりで逝かせなくて済んでほっとしています。
彼女にとってお空は遠かったです。
多くの方々の支えによって、
ここまで頑張ることが出来ました。
感謝で一杯です。

遠いお空

2010-05-11 23:23:28

ハナは逝ってしまいました。
ハナも逝ってしまいました。

ハナが亡くなってからひどく脱力してしまい、
振り返ろうにも何だか良く思い出せず、
とにかく私はただ呼吸して、
ただ時が過ぎていくのを見ていました。
寝ても起きても靄の中にいるみたいで、
気を抜くと涙が溢れ出るので唇を固く閉じていました。
ハナは私の愛情をきちんと感じて旅立てただろうか。
そればかり頭に浮かびます。

このまま悲しみに向き合わないわけはいかないと
書きはじめました。

ザビちゃん。ハナちゃん。並んだ骨壷を目にして、信じられない気持ちでいます。もうこの子達はこの世のどこにもいない。土曜の昼、ベッド下からやっと出てきたハナに栄養剤をあげようか悩みました。栄養剤だけ入れていれば持つかもしれない、おしっこ漏らしたって掃除すればいいんだから。ハナが生きることを諦めていない限り、頑張って飲ませるんだ。そう言い聞かせて粉末の栄養剤を水に溶かしていました。作った量はほんの十三ミリリットル。侘しさが訪れる。本当は自分だって判っているんだ。こんな量で命が繋がる訳がないんだ。それでも、まともに動けずにいる彼女を引き寄せ、「少しでも」とシリンジからあげようとしました。

でも、ほんの少し飲ませただけで気が変わってしまった。嫌がって顔を左右に背け続けるハナに、もう無理強いはしたくなくなりました。左手で押さえた口まわりには、前回無理してあげた時の栄養剤が乾いてこびり付いたままで、その固いものに指が触れて悲しい気持ちになりました。あのキレイ好きなハナが、自分の顔に付いたままのフードを洗うことすら出来なくなっている。トイレだって誰よりも小さくまとめて上手に隠すハナが、自分でトイレに行けずに漏らしている。自分の尿の匂いを付けて不快さに耐えながらそのまま寝ている彼女に、私は生きてくれと言い続けるのか。生きて欲しいという気持ちと、生きてさえいればいいのかという気持ちが私の中でぶつかり合い始めていました。

そんな状態でもハナは夕方に外に出たがりました。玄関に座り、振り返って私を見上げて、か細く「ニャー」と鳴くのです。リードをつけて付き添うとよろよろと車の下に入り、コンクリートを舐めます。自分の身体に足りない何かを懸命に取り込んで、自分の体調の悪さをどうにかしようとしてい

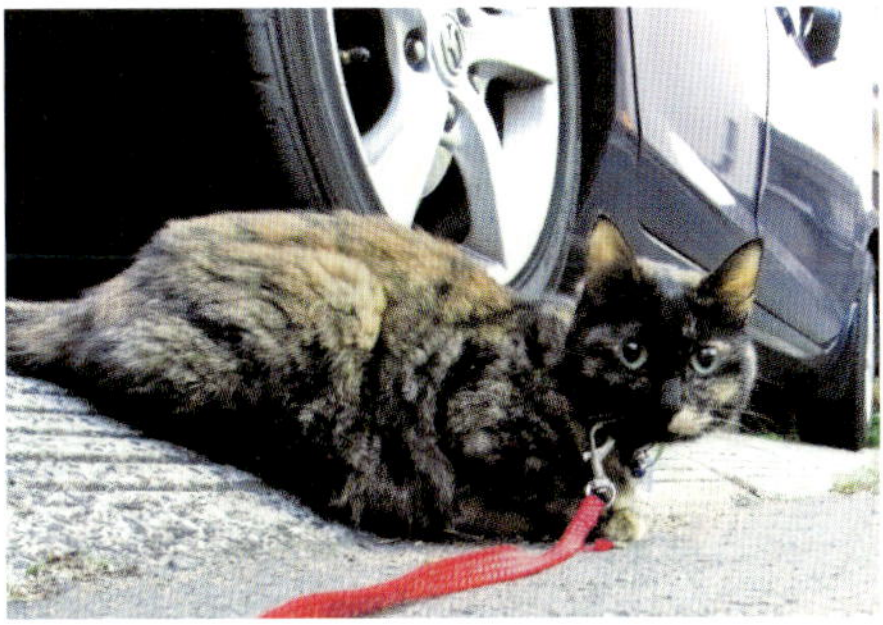

るかのようでした。ハナの強さを目にしながら『回復の見込みがないことを彼女は気が付いているのだろうか』と遣り切れなさを感じました。
ハナはどこに行きたいんだろう。目的地があるなら連れて行きたいけれど、どこを目指しているんだろう。数歩歩いては座り込みを繰り返しながら、向こう三軒ほど騙し騙し前へ進み、散歩を始めてから五十分、夕方の空気が冷たくなってきたこともあり、前へ進めなくなったハナを抱き上げて、家へと戻りました。ハナはベッドの下に入り込んで出て来なくなりました。このまま私の手の届かない場所で逝ってしまうのは嫌ですが、もしハナが最後を見られたくないのなら、ハナの気持ちを尊重しようと思っていました。
日曜早朝、朝を迎えたハナは呼吸が大きく速くなっていました。明らかに悪化しています。先生から「最後は開口呼吸になるかもしれない」と聞いていたので、段々ハナの最後の時が来たことを感じていました。
昼前にベッド下にいないことに気付いて探してみると、ソファベッドの下に横になっています。いつかそこにも行くかもしれないと暗くしてフリースのブランケットを敷いてあったため、真横になってぐっすりと眠れているようでした。ベッド下から移動したのはまたベッド下で失禁してしまったからのようで、漏らした尿は黄疸のためか真っ黄色でした。

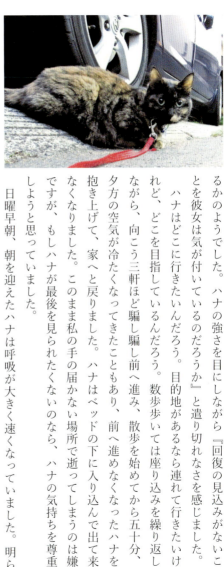

汚れたものを片付けて、心地良さそうに眠るハナの脇に私もそっと横になり、ソファ下のハナに触れて彼女の温かさとグルグルに身を委ねながら、私もそのまま少し眠りました。ハナはびくりと痙攣して起きたのち窓辺にゆっくり移動すると、荒い呼吸を繰り返しながらしばらく風を感じていました。自分の脂肪を燃やして生き永らえているハナは、肩の肉も削げ、被毛はバサバサでどこから見ても病気の猫でした。窓から少し離れ、方向転換をしてこちらに向き直ったハナは床に伏せてこちらを見ていました。私も近くに寝転がって彼女を見ることにしました。床にブランケットを敷いていたため、ひなこが私の横に来て一緒に眠り始めました。私とハナとひなこ。頭を三つ寄せ、みんなで午後の風を感じながら、音もない時がゆっくりと過ぎゆきます。ハナは身体は伏せてリラックスしていても、呼吸だけは早く、目は正面をぱっちりと見ていました。

時計を見ると午後三時半。私達が揃って小一時間ウトウトしても、ハナが全く態勢を変えないことに気付きました。相変わらず大きな目でこちらを見ています。『床にじかに寝ていると体温が下がっちゃうのになあ』と心配した瞬間、『もう貧血が進みすぎて態勢を変えられないのでは』と気付きました。慌ててフリースのブランケットを用意し、ハナを

そのままの体勢でそっと持ち上げると、筋肉は反応せず、同じ姿勢と目線で私に抱き上げられました。即座に『ああ、もうかなりひどいんだ！』と悟り、体表面を撫でて身体を暖めました。さっきまで自分で動いて窓辺に行ったのに。

ハナの頭に私の頬をくっ付つけても、瞬きもしません。ハナの命は確実に閉じ始めていました。まだ先だと思っていた彼女の旅立ちが急に目の前で始まり、動揺しました。日も傾き部屋も薄暗くなり始めていて、電気なしの部屋ではハナの表情もよく見えません。私はハナに上から覆いかぶさり、両手で大きく抱えて不安から大声で泣いていました。

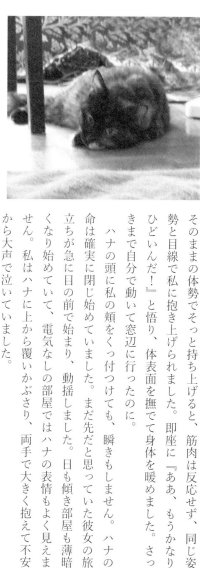

荒い呼吸が続くハナを涙でびしょびしょにしながら「大丈夫だからね」「お姉ちゃんここにいるからね」と繰り返しました。ハナは大きく目を見開いたまま息だけしています。そして「ハナちゃんありがとうね」、「また絶対にお姉ちゃんのとこに戻って来てね」、「もう頑張らなくていいよ」、「怖くないよ」、「もうちょっとしたら表を駆け回れるからね」と彼女の身体を摩りながら、尽きない言葉を彼女に掛け続けました。

ハナの荒い呼吸が段々に不規則になり、急に苦しさから身体をのけ反らせ、両腕を私の身体に突っ張らせました。爪を出して物凄い力で苦しがり、私は泣きながら抱きしめてそれを支えました。ハナの頭は反った勢いで私の腕に乗り、その小さな重みにハナが私を必要をしていると思い、覆いかぶさったままハナを撫で続けました。ハナは苦しそうに呻き続け、お腹を宙に向けて痙攣し始め、爪を立てた脚を突っ張り、全身の毛を逆立てて逝ってしまいました。

ハナが病気の身体を捨て切るには長い時間を要しました。

私はハナの出発を見届けたことに、自分が壊れてしまうくらい大声で泣き、なかなかぐにゃりとしないハナの身体におでこを付けて、涙でよく見えないなかハナを間近に見ていました。「瞼を閉じてあげないと」と急に現実に戻り、身体を起こしてハナを見ると、目は大きく見開いたままで、動かないハナを目にして本当に逝ってしまったことを知りました。

薄暗い部屋の中で、ハナを抱っこしたまま座り、長い時間泣き続けました。そのうち涙も枯れて、ただ抱っこして呆然としていました。私の腕にはまだハナが私を盾に踏ん張った爪の痛みが残っていて、風船のように大きく逆立った被毛の様子や、ハナの細かい震えが脳裏に焼きついていました。ハナは逝く時に私の愛を感じてくれただろうか。苦しさはすこしは紛れただろうか。

眠るように逝くと聞いていたのであの最後は衝撃でした。私が傍で看取れたことに神様に感謝しています。私はずっとハナの旅立ちに立ち会うことに執着していました。どこで生まれたか判らないハナを家族として受け入れた以上、最後までどんな孤独も感じて欲しくなかった。彼女はいつも子供達を優先にして控えめに生きてきた母猫で、元は野良ちゃんだったハナが、ベッド下の片隅でひとりで死に逝くことを選ばずに、私の腕の中で苦しさを曝け出して旅立ってくれたことにとても感謝しています。

いまごろ息子達にも逢って毛繕いして貰っているね。

ハナちゃん、またね。

あとがき

まだ日の光が少しでもあるうちに、とハナの亡骸を家の前の空き地に連れて行った。ハナの魂はとっくにそこを走り回っていると判っていても、やっぱり草の匂いを嗅がせてあげたい。「ハナを看取れた」という安堵感が私の中で広がり始めていた。そして、ずっと続いていた緊張感が徐々に溶けていくのを感じていた。表には、階上の実家に暮らすミケコとチャコが姿勢正しく座っており、じっとこちらを眺めている。ハナの弔問に来てくれたのかもしれない。

ハナを二階の実家へも連れていった。野良ちゃん時代に実家の玄関先で座り込んだことから家族の一員となった過去がある。ハナにとって実家は大事な場所に違いない。家猫として受け入れてくれた母にも会い、抱っこで一つ一つの部屋を回り「ここによく座ってたね」、「この冷蔵庫前で煮干を催促したよね」、「この窓をよくこじ開けていたよね」と確認して歩いた。そうだ。ハナの魂は遠くに行っても、私の中でこんなにも生きている。淋しいけれどおねえちゃんは大丈夫。

自宅に戻ると、ぴょんが始終ハナの近くに寄り添って「ハナちゃんは死んじゃったの？」という表情をする。そうなのよ、ぴょんちゃん。で

もね、ハナは楽チンになったんだよ。ぴょんは棺の準備中もハナとずっとつかず離れずの距離に座っていて、ひなこもまたしても亡くなってしまった彼女の家族の毛繕いを始める。

　外が好きな子だったから、沢山のお花と走り回っていた空き地の草を添える。一番似合った赤字の水玉模様の首輪、大好きだった毛布。いつも口に咥えて自分の子供達の前に運んで、ポンッと投げ置いていた猫じゃらし。これも入れちゃおう。あれも入れちゃおう。ハナがお空に持っていくオモチャで、ニャッキも久しぶりにハッスルするはず。そしてハナが一目惚れして大好きだったぴょんちゃんの毛で作った猫毛ボールも数個入れ、天国でもお得意のコロコロダッシュをして遊べるようにした。最後には、食べることが出来なかったフードもおやつも入れる。

　その晩は、ザビとハナとリビングで添い寝をした。ハナとの最後の夜。二匹の病状が悪化してから、床で数時間寝るとい日々が続いていたのでそれもとりあえず今晩で終わることとなる。

ハナの亡骸は翌朝一番で荼毘に伏された。骨も小ちゃかった。ハナちゃん、あなたお箸でつまむのが大変だったよ。お空に行けばニャッキとザビとすぐに遊べるし、当面飽きずに幸せで過ごせる。ニャッキは半年お空で待っていたから、ニャッキが淋しくなくなったことは本当に良かったな。よくお空で待っていたよね。


あとは、みんなでひなこの闘病をお空から応援してね。ぴょんちゃお兄さんのこともね。

私達は、生きてても死んでも家族だから。

そうそう、私が彼らを愛し続けることに変わりないから。

猫ホスピス　第一章

終

猫との生活
～猫ホスピス　第一章～

2017年5月26日　初版第1刷発行

著　者　lifewithcat
発行所　ブイツーソリューション
〒466-0848 名古屋市昭和区長戸町 4-40
電話 052-799-7391　Fax 052-799-7984
発売元　星雲社
〒112-0005 東京都文京区水道 1-3-30
電話 03-3868-3275　Fax 03-3868-6588
印刷所　藤原印刷
ISBN 978-4-434-23257-2